基于盐渍化灌区农田生态安全的有机无机肥配施模式研究

周慧 史海滨 郭珈玮 潘龙 著

中国水利水电出版社

www.waterpub.com.cn

·北京·

内 容 提 要

水资源短缺、土壤盐渍化以及过量施用无机氮肥是制约河套灌区可持续发展的主要因素。近年来，有机无机肥配施成为改盐增肥研究的热点。本书以氮素转化为主线，揭示了河套灌区盐渍化玉米农田有机无机氮配施"增产减排"机理；通过室内矿化试验，明确了有机无机氮配施在不同程度盐渍化土壤中的氮素矿化规律；通过田间试验，探究了轻度、中度盐渍化农田玉米产量、光合特性、抗氧化特征、水氮转化、氮相关功能微生物丰度及功能对有机无机氮配施的响应，提出了合理的有机无机氮配施模式。最后，结合 DNDC 模型，确定了盐渍化玉米农田最优管理措施。

本书可供水利、农学、土壤专业的本科生、研究生及从事相应专业的科研、教学和工程技术人员参考。

图书在版编目（ＣＩＰ）数据

基于盐渍化灌区农田生态安全的有机无机肥配施模式研究 / 周慧等著. -- 北京 ： 中国水利水电出版社，2023.9
ISBN 978-7-5226-1831-9

Ⅰ．①基… Ⅱ．①周… Ⅲ．①盐渍土－灌区－农田－施肥－生态安全－研究－中国 Ⅳ．①S181.6

中国国家版本馆CIP数据核字(2023)第191747号

书　　名	基于盐渍化灌区农田生态安全的有机无机肥配施模式研究 JIYU YANZIHUA GUANQU NONGTIAN SHENGTAI ANQUAN DE YOUJI WUJIFEI PEISHI MOSHI YANJIU
作　　者	周　慧　史海滨　郭珈玮　潘　龙　著
出版发行	中国水利水电出版社 （北京市海淀区玉渊潭南路 1 号 D 座　100038） 网址：www.waterpub.com.cn E - mail：sales@mwr.gov.cn 电话：(010) 68545888（营销中心）
经　　售	北京科水图书销售有限公司 电话：(010) 68545874、63202643 全国各地新华书店和相关出版物销售网点
排　　版	中国水利水电出版社微机排版中心
印　　刷	北京中献拓方科技发展有限公司
规　　格	184mm×260mm　16 开本　10.25 印张　249 千字
版　　次	2023 年 9 月第 1 版　2023 年 9 月第 1 次印刷
印　　数	001—300 册
定　　价	68.00 元

本书编委会

人口增长和经济发展使得我国的国土资源短缺状况日益突出，且对农业生产的要求越来越高。中低产田改造特别是盐渍化土地已成为解决人口粮食需求与农业继续发展的重要途径。我国有盐渍化土地约 3600 万 hm^2，约占国土总面积的 3.75%，其中约 920 万 hm^2 分布于农田之中，占耕地面积的 6.62% 左右，主要分布在内蒙古、甘肃、新疆和东部沿海一带。

内蒙古河套灌区是我国三个特大型灌区之一，也是一个典型的盐渍化灌区，盐渍化面积已达到灌溉总面积的 50% 以上，其中轻度盐渍化土壤占耕地面积的 24% 左右，中重度盐渍化土地面积已达到耕地面积的 30% 以上。河套灌区地处我国西北干旱区，多年平均降水量少于 250mm，而多年平均蒸发量高达 2000mm 以上，农业生产完全依赖引黄灌溉，无灌溉就没有农业。根据水利部黄河水利委员会对水量的统一调度要求，2010 年河套灌区的引水量应从原来的 52 亿 m^3/年减少到 40 亿 m^3/年，引水量减少了 23%，这导致传统的控水排盐技术受到限制，淋洗水量不足导致盐渍化问题更加突出。此外，为了实现粮食增产，灌区化肥施用量逐年增加，目前已超过 60 万 t/年，主要施用尿素，不合理的施肥模式导致肥料利用效率低下，据当地农业局资料，灌区氮肥利用效率仅为 35% 左右，大量氮素的流失造成了严重的面源污染。可见，在节水灌溉条件下，土壤盐渍化以及过量施用化肥已成为制约灌区粮食安全和环境安全的重要因素，探求盐渍化土地合理利用肥料资源的方式是该区域人们普遍关注的焦点问题。本书通过室内培养试验及田间试验，并结合数值模拟研究，提出了基于盐渍化农田生态安全角度考虑的优化施肥模式，为提高盐渍化灌区生产力、推进黄河流域水土资源高质量发展提供理论依据。

在多年田间试验和室内试验的基础上，本书针对河套灌区轻度、中度盐渍化玉米农田，分析了有机无机生态施肥模式下土壤理化性质、作物生长发育、产量及水氮利用效率的变化规律，并探究有机无机肥配施条件下玉米光合指标及抗氧化酶活性的变化，揭示玉米光合特性及抗氧化系统对有机无机肥配施的响应。同时，研究有机无机肥配施条件下不同程度盐渍化玉米农田的氮素转化规律、损失特征（矿化作用、硝化和反硝化作用、NH_3 挥发、N_2O

排放和氮淋溶），明确盐渍化农田氮素主要损耗途径，并量化不同氮素转化规律对氮流失总量的贡献；在此基础上，结合土壤微生物宏基因组（Matagenomics）技术及氮循环关键功能基因分析，解析盐渍化农田氮循环响应有机无机肥调控的微生物学机制；最后，基于DNDC（脱氮-分解）模型构建并求解考虑增产减排高效的多目标优化决策模型，确定适用不同程度盐渍化玉米农田的最优有机无机配施比例及施用量，初步形成沿黄盐渍化农田最优有机无机生态修复技术模式。

本书涉及农田水利学、植物学、土壤学、微生物学、生态环境等多学科的交叉，可供各专业的本科生、研究生及相关科研人员及技术人员参考。李仙岳、闫建文、郭珈玮、徐昭、李祯、窦旭、张文聪、王维刚、苏永德、范理权、王博、闫研等参与了项目的研究工作。

本书由周慧、史海滨、郭珈玮、王永强、李红芳、王奇等人撰写，最终由周慧统稿完成。

本书涉及多学科的交叉内容，书中可能存在缺点和错误，有不足之处请各位专家批评指正。

作者

2023 年 7 月

目 录

第1章 绪 论

1.1 研究背景及意义

内蒙古河套灌区是我国重要的粮食产区，由于自然因素和人类活动的影响，土壤盐渍化已成为制约当地生态平衡和农业发展的主要因素。高土壤盐分浓度通过渗透胁迫（Maia 等，2010）、营养失衡（Chinnusamy 等，2004）、氧化损伤（Ahmad 等，2010）和离子毒性（Chinnusamy 等，2005）等对植物产生负面影响，造成农业生产资源萎缩。为了缓解盐分胁迫，当地农业生产完全依赖大量的灌溉水与肥料，以实现相对较高的产量。不合理的灌溉施肥模式，导致土壤次生盐渍化、养分利用率下降，并造成严重的面源污染。可见，土壤盐渍化以及不合理的灌水施肥模式是制约沿黄盐渍化灌区乃至整个西北地区可持续发展的主要因素。

内蒙古河套盐渍化灌区是我国北方重要的农业生产基地和生态屏障，作为黄河流域高质量发展的关键区域之一，其生态保护和绿色高质量发展意义重大。近年来，推进农业生态保护修复、树立并落实绿色协调发展应对面源污染、加快改造盐碱地、促进农业高质量发展与生态环境深度融合等内容，已列入近年来中央一号文件以及内蒙古自治区政府文件关注的重点，表明盐碱地综合治理是增加我国耕地资源后备力量、保障粮食安全所亟须解决的重要问题。因此，无论是从理论的发展还是从服务于实践的角度来看，迫切需要开展盐渍化耕地质量提升、加快推进农业绿色发展等工作。

目前常用的盐碱地治理措施还有一些不足，如植物措施受水资源制约，植物易发生衰退且盖度往往不足以有效应对风蚀事件发生所带来的不利影响；工程措施服务年限较短。因此，在现有节水灌溉条件下，迫切需要一种有效、低成本、环保的合理措施来缓解盐碱地土壤盐分，提高土壤生产力，恢复植被。目前，农业生产中无机肥料的施用依然占主导地位，灌区农业生产过程中化肥用量呈逐年增加的态势，而肥料利用却得不到提高，所施肥料除了被植物部分吸收外，其余都随农田灌溉、降雨及秋浇过程通过挥发、淋溶等途径损失了，导致土壤板结、耕作质量差、肥料利用效率低、面源污染严重等问题。因此，寻求合理的施肥模式是十分必要且尤为迫切的。

我国是世界上有机废弃物产出大国，大量的有机废弃物经过处理后作为肥料资源施入土壤，这是解决废弃物堆放、改良盐碱退化土壤的有效措施。研究表明，有机肥养分元素全面而肥效缓，对环境负面影响较小；无机肥养分单一而含量高，肥效快，但对环境负面影响大（巨晓棠等，2002；朱兆良等，2012）。因此，减少无机氮肥用量，提高有机肥比重，采用有机无机肥料配施的方法是解决该问题的有效途径之一。近年来，有机无机肥料合理配施成为改盐增肥的热点（Singh 等，2005；Tejada 等，2006），综合国内外研究结果来看，有机无机肥料配施的改良效果因培肥时间（Singh 等，2005）、土壤质地（Deng 等，2006）、施肥水平（李燕青，2016）、施肥方式（Dawe 等，2019）以及有机无机肥料配施比例（于昕阳等，2015）等不同而有所不同。因此，在实际生产中，由于各地区农田肥力水平、气候条件、灌溉施肥水平等均有所差异，不同的生长环境对有机无机肥料配施比例必然有不同的要求。

河套灌区同时存在盐渍化程度较高且田块间盐渍化程度差异较大的问题，针对灌区不同程度的盐渍化土壤，有机无机肥料配施比例对微生物-土壤-植物-大气系统的作用效果及影响机制尚不明确。故本书以河套灌区主要作物玉米为研究对象，在该地区优化水氮施用量的条件下，合理调节有机无机肥料配施比例，以期达到提高土壤肥力、作物产量及水氮利用效率，并减少氮素损失的目标；同时以植物光合作用、土壤氮素转化、根际微环境变化等过程揭示有机无机肥料配施增产减排高效机制；最终通过构建盐渍化灌区 DNDC（脱氮-分解）模型，模拟不同田间管理措施下玉米产量及氮素损失的影响，确定基于农学及环境角度的最优生态施肥模式。研究结果可为有机无机肥料配施条件下盐渍化农田改盐增肥、增产减排、生态提质和环境友好提供理论依据和技术支撑。

1.2　国内外研究进展

1.2.1　土壤肥料

肥料是植物生长所必需的一种或多种养分的基质。据报道，30%～50%的作物产量来自天然或合成商业肥料（Stewart 等，2005 年）。无机肥料是在工厂制造或通过采矿获得的化合物，而有机肥料主要由植物和动物的废物和残留物组成（Cooke，1982）。

1.2.1.1　无机肥料

无机肥料也称为矿物肥料或化学肥料，矿物肥料中的营养成分相对较高，由于不需要分解，这些营养物质释放较快。换句话说，作物吸收养分的水平和时间是可以很好地预测的。然而，无机肥料以成本高、不善管理以及对环境存在负面影响而闻名（Morris 等，2007）。传统农业中使用的化学肥料含有部分矿物质，这些矿物质在潮湿的生长介质中迅速溶解，给植物提供大量的能源，而这只发生在相对较短的时间内，通常比植物需要更多的营养。例如，来自任何一种肥料的氮都会影响维生素 C 和硝酸盐的数量以及植物生产的质量。此外，钾肥对某些植物的镁有拮抗作用，对磷有直接拮抗作用。因此，传统作物相比有机作物含有较少的镁和磷（Worthington，2001）。

使用无机肥会破坏土壤的质地和结构，养分的淋滤作用往往导致土壤侵蚀和酸化，进而导致生长介质退化和营养不平衡，所有这些不利作用都将导致作物产量下降（Ojeniyi，2000）。由于有机肥料中营养成分的问题，以及无机肥料购买价格较高的现实，一些小规模和资源有限的农民创造了有机肥料和无机肥料"混合"的施肥方式。研究发现，使用无机肥料来增加产量只在几年之内有效（Ojeniyi 等，2009）。同时，无机肥料对环境有害，使之不仅不受欢迎，成本高昂，使之不经济，因为贫穷的农民买不起。肥料的使用对于减轻营养限制是不可缺少的，对于提高作物产量的种植媒介肥力管理水平也是重要的。今天，为了保持不断增长的培养基肥力和可持续的农业系统，需要各种各样的肥料。

1.2.1.2 有机肥料

有机肥料是从动植物中提取的肥料。天然有机肥料包括粪肥、泥浆、蚯蚓铸件、泥炭、海藻、腐殖质和禽粪。有机农业是实现可持续农业的几种途径之一。2010 年，全球有机产品市场价值为 445 亿欧元，与 2009 年相比，欧洲和美国的市场增长了约 8%。市场对有机蔬菜的需求非常大，并在稳步增长，而且大多数有机产品来自开阔的田地。在这方面，有机温室蔬菜生产在生产过季农产品市场具有很好的潜力。欧盟有机温室园艺的总面积为 3700hm²，每年增长 5%。然而，与传统温室生产相比，它仍然是有限的，因为它对基础设施的投资要求很高（温室和气候控制、种植高经济作物的需要以及使用有限数量的作物轮作的困难），这导致产量较低（Tüzel 等，2005）。有机温室种植者在作物和土壤肥力管理方面的工具有限，而这对提高生产力至关重要。有机肥是提高基质生产力的工具之一（Watson 等，2002），被认为是有机种植系统的支柱（Sullivan，2003）。

资源有限的农民关心营养物质流失和淋滤的可持续性，因此在经营中使用有机肥料，以维持作物健康。常用的有机肥料是动物粪便、堆肥和家庭垃圾。有机肥通过改善生长介质的结构、化学和生物活性水平，提供营养物质，从而有助于提高生长介质的质量。它们以逐渐释放营养物质而闻名，并增加基质有机质含量（Sarkar 等，2003）。分解较慢时，有利于改善生长介质的有机质。然而，有机物质的分解受到温度和生长介质湿度的强烈影响。这意味着当植物不需要营养物质时，营养物质可能会被释放出来。由于有机肥料的养分含量低，而且许多地区可获得的有机物质数量有限，因此仅靠有机肥料一般难以满足作物对养分的需求（Morris 等，2007）。

有机肥在植物生长过程中发挥着直接作用，是矿化过程中所有必需的有效形式的宏观营养素和微量营养素的来源，它改善了生长介质的物理和化学性质。研究指出，有机物在土壤中多种金属的化学行为中起着重要作用，其活性基团（腐植酸等）具有以螯合形式保留金属的能力，污泥和城市堆肥是维持生长介质有机质、提高生长介质质量、提供植物所需养分的适宜方法。针对粮食农田和蔬菜田的许多研究表明，使用有机肥、堆肥、秸秆等有机改良剂有助于提高作物产量，改善生长介质质量（Bowles 等，2014；Agegnehu 等，2016）。中国是世界上最大的农业国之一，拥有丰富的农业残余、畜禽粪便等生物质资源（Li 等，2015），大型集中养殖场畜粪产量约为 8.37 亿 t，其中大部分畜粪未进行无害化处理，对土壤、水、空气和畜禽造成严重威胁（Jiang 等，2011）。

商业和自给农业一直依赖有机肥料来种植作物。这是因为无机肥料易于使用，能迅速被作物吸收和利用。但从长远来看，如果使用不当，会破坏土壤结构，增加生产成本，导致作物生产企业利润减少。因此，只要有机肥料在增产方面可与无机肥料相媲美，它们作为种植蔬菜作物的植物营养来源就会越来越重要。对可再生能源的需求和作物施肥成本的降低，使世界范围内重新开始使用有机肥料（Ayoola 和 Adeniran，2006），环境条件改善和公共卫生是提倡增加使用有机材料的重要原因（Ojeniyi 等，2000；Van 等，1993），而有机肥料可以通过更好的营养循环和提高生长介质的物理属性来维持种植系统（El-shakweer 等，1998；Ogaga 和 Kingsley，2012）。无机肥料的使用对集约化农业没有帮助，因为它成本高，而且常常与作物产量减少、生长介质退化、营养不平衡和酸化有关（Kang 和 Jue，1980）。但是，使用有机肥料可以使农业受益，而且可能是保护环境和保存自然资源的一种廉价方法。有机肥是一种现成的替代品，已证明更环保。因此，像禽粪这样的有机肥料可以用来减少传统肥料产生的有毒化合物（如硝酸盐）。

1.2.1.3　有机无机肥料配施

目前，实践过程中多采用有机肥料与尿素、NPK（氮、磷、钾）等无机肥料配合施用（Ogungbile 和 Olukosi，1990），这通常是因为人们认为仅靠有机肥（氮、磷、钾）分解很慢，可能达不到增产稳产的效果。有机肥料和无机肥料互补使用已被推荐为部分地区长期种植的可持续发展模式（Ipimoroti，2002）。有必要确定有机肥料和无机肥料（如氮、磷、钾）对土壤理化性质、作物的生长、生理生化特性、产量和营养品质等的独立影响，以证明两者持续配施在不同区域施用的合理性。

1. 有机无机肥料配施对土壤理化性质的影响

土壤在植物的生长发育中起着重要的作用。包括水、氧、热和土壤无机营养等，都能为植物所用。健康的土壤可以为植物生长和生产提供更多和所有必需的养分。利用常见的耕作技术，如过度使用碳氮化合物、过度灌溉和深耕，会导致土壤健康度下降，水和大气受到污染（Lal，2007；Kubota 等，2018）。土壤是一种重要的资源，具有潜在的快速降解与极慢的创造和恢复机制。化肥特别是氮肥的使用对于谷物作物产量的显著提高非常重要。2015 年，氮肥的总使用量为 1.15 亿 t，以满足全球粮食需求，据估计，到 2050 年，氮肥的使用量将增加到 2.36 亿 t（Guire 等，2011；Pathiak 等，2011）。然而一些研究报告指出，过量和连续施用合成氮肥会破坏土壤健康，即侵蚀、养分淋失、土壤酸化、有益土壤微生物数量减少会造成损失，最终导致土壤性质退化（Lal，2007；Iqbal 等，2019）。

土壤健康可以描述为土壤为植物正常生长和生产提供物理和生化支持的能力（Adekiya 等，2019）。土壤有机碳在保持土壤肥力，改善土壤物理、化学和生物性质，促进土壤再生等方面发挥着重要作用并使农业可持续发展（Guo 等，2007）。土壤有机质通常是指土壤中的各种有机物，来自于植物或肥料在不同分解阶段的残留效应、微生物生化反应过程中产生的物质、土壤微生物及其代谢物质（Lal，2007）。此外，有机物的分解主要是由异养微生物完成的。这一机制受到土壤温度、环境和湿度条件的影响，导致所需植物营养物质，特别是氮、磷、钾和微量营养物质的释放和分布的增加（Murphy 等，2007）。

有机废物（如城市和工业废物、动物和植物的残余物）在世界范围内不断增加，应制定适当的处理策略和方案，以免土壤退化、水污染或环境污染（Lal，2007）。利用有机废物，如动物粪便、绿肥和其他有机物料，是保持和增加土壤肥力的潜在方法之一。施用有机肥可改善土壤养分、集合体和降低容重，从而改善土壤理化条件（Adekiya 等，2019；Zhou 等，2016）。为了防止有机质含量下降，可以用家禽粪便等有机废物对土壤进行改良，这些有机废物在农业中通常被循环利用，它们既被用作植物的营养来源，又被用作提高土壤团聚体稳定性和维持土壤有机状态的元素（Zhao 等，2011）。有机肥有许多优点，它能平等地提供所有植物以必需的养分，而且养分的释放比单一的化学施肥更可持续。此外，有机肥料不仅能维持作物生产，还能促进土壤健康，保护生物多样性和环境可持续性（Amlinger 等，2003）。

2. 有机无机肥料配施对作物产量的影响

在干旱地区，水氮是限制作物产量的重要因素（Badr 等，2012）。近年来，在节水减肥条件下，如何提高作物产量成为国内外学者研究的热点。对于可持续农业而言，减少过量的化肥使用，特别是氮肥，使其达到基于特定地点条件的最佳施用量，是建立可持续农业实践的首要目标（Li 等，2018；Ju 等，2009）。在此基础上，用有机物（如作物残渣和牲畜粪便）部分替代化肥被认为是一种更生态、更友好的方法。

有机无机肥料配施对作物产量效应的研究结果不尽一致，而造成这一差异的原因主要与培肥时间、土壤质地、施肥水平、施肥方式以及有机无机肥料配施比例等有关。长期定位试验表明，试验初期施入化肥较多处理的产量要明显高于施入有机肥较多的处理，而经过多年培肥后，施入有机肥较多处理的产量会达到甚至超过单施化肥的处理（Manna 等，2005；刘守龙等，2007；林治安等，2009）。这主要是因为在试验初期，土壤基础肥力较差，需要较多的无机氮以满足作物对氮素的需求，而经过长期培肥后，土壤肥力不再是限制作物生长的因素，配施有机肥可以更好地调节氮素的固持与释放，从而利于作物生长（李燕青，2016）。在实践中，低肥力土壤对速效养分需求较大，应该适当降低有机肥施入比例，而高肥力土壤中限制作物增产的因素不再是养分，增加有机肥施入比例可以改善土壤微环境，利于作物增产。

研究表明，在不同土壤和大气环境下，作物产量对有机无机肥料配施比例的响应不同。李鹏（2009）在潮土上进行研究后发现，有机肥替代 75% 化肥时氮素供应充足，增产效果最为显著。段英华等（2010）在红壤土上进行的研究表明，相较于单施化肥，配施有机肥可以达到抑制土壤酸化的效果，同时可以提高作物产量及植株吸氮量。Guo 等（2016）在山东进行了为期 5 年的研究后发现，当有机肥代替 25% 化肥时具有维持作物产量的作用。Baruah 等（2016）进行的研究表明，在常规施肥的条件下，增施牛粪可以增强作物光合作用而提高作物籽粒灌浆能力。近年来，国内外学者针对盐渍化土壤也开展了有机无机肥料配施相关研究。杜海岩等（2017）在滨海盐渍化地区进行的研究表明，在当地优化施肥的基础上增施有机肥可以提高土壤微生物及酶活性，能有效缓解盐害，从而促进棉花生长，籽粒产量可以达到甚至超过传统施肥处理。周连仁等（2013）在东北盐碱土开展的研究表明，有机无机配比为 3∶2 时最有利于玉米增产，而低比例和高比例有机肥施入比例均不利于玉米增产。Pongwichian 等（2014）在泰国于轻度盐渍土上进行的研究表明，有机肥加化肥处理相较于单施化肥能够提高作物产量，但差异并不显著。Zhang 等（2021）对我国东北地区重度盐碱地进行研究后发现，在施入化肥的基础上增施有机肥，可以降低土壤盐离子浓度，提高土壤养分，增加水稻产量。

综合前人在有机无机肥料配施对作物产量的影响方面的研究结果表明，相较于单施合成氮肥，配施有机氮肥可以达到稳产或提高作物产量的目标。然而，有学者针对亚洲地区进行 25 个长期定位试验研究后认为，只有在当地推荐施肥的基础上，增施有机肥料才是最佳的施肥措施，而有机肥替代化肥会高估其对作物的增产效应（Dawe 等，2003）。同样，Seufert 等（2012）进行的研究也表明，过量施入有机肥不仅不会提高作物产量，还会导致过量的氮素残留，增加氮素淋失风险。因此，有机无机肥料配施对作物产量的影响应该是一个综合效应。在盐渍化地区，当地农民通常施用大量氮肥以缓解盐分胁迫

（Zeng 等，2015），保证土壤养分充足，具有较高的土壤肥力。因此，采用有机无机肥料配施以提高作物产量是可行的，而针对不同程度的盐渍化土壤，盐分是影响氮素转化的重要因素，有机无机肥料配施对作物增产机理有待进一步研究（Zeng 等，2015）。

3. 有机无机肥料配施对作物水氮利用的影响

土壤水肥是作物生长必要的物质基础，水分和养分互为促进，相互制约。在河套灌区水资源短缺的情况下，改善土壤水分供应状况是当地农业可持续发展的关键。大量研究表明，施入有机肥可以起到抑制水分蒸发、增加降水入渗的作用，从而提高土壤有效含水量和作物水分利用效率（Zeng 等，2015；王贵寅等，2002；Westerman 等，1974；汪德水等，1994）。Li 等（2002）研究发现，长期施用农家肥对玉米生长中期水分胁迫下的水分利用有显著影响，提高了上层土壤的水分供应和深层土壤的水分提取能力，在水分胁迫下保持了良好的生理活性和生物产量。Hati 等（2006）研究发现，在推荐施肥的基础上增施 $10kg/hm^2$ 的农家肥利于胁迫期水分提取，最终提高了大豆水分利用效率和产量。El - Samad 等（2020）进行的研究表明，相较于无机肥，施用有机肥对作物产量无明显影响，但能起到节水及提高水分利用效率的目的。还有学者研究发现，在干旱年份，用 50% 商品有机肥替代化肥具有增产抗旱的效果，产量和水分利用效率分别较单施化肥提高 17.4%、15.7%（Zeng 等，2015）。此外，有学者在盐渍化土壤中进行的研究表明，施用有机肥具有抑制土壤蒸发的作用，对盐渍土具有明显的保水作用，进而提高了灌溉水利用效率（张建兵等，2013）。然而，Lv 等（2020）研究发现，有机无机肥料配施对土壤表层孔隙率无显著影响。石玉龙等（2017）在华北盐碱土上进行的研究表明，施入有机肥会降低土壤含水量，但随着有机肥施入量的增加，降低幅度减小。这可能是因为有机无机肥料配施条件下作物生长发育较好，从而会加大作物对土壤水分的吸收利用，导致土壤水分含量减少，而随着有机肥施入量的继续增加，土壤保水能力进一步加强，会减小与单施无机肥的土壤的水分差异。综合前人研究来看，配施有机肥能够达到提高作物水分利用效率的目的。

目前，国内外用来评价氮效率的指标主要有氮肥利用率、农学效率、氮肥偏生产力以及氮肥生理效率，其中氮肥利用率是最为普遍的指标。据广泛报道，我国主要农作物氮肥利用率在 30% 左右波动，远低于其他西方发达国家。而在我国北方这一指标更低，有学者统计发现，一些地区 1985—2015 年氮肥利用率仅为 $16\%\sim18\%$（Li 等，2015）。在盐渍化土壤中，农民通常会施入更多氮肥以缓解盐分胁迫，这将进一步降低氮肥利用率（周慧等，2020），盈余氮素则对环境造成了严重污染。因此，在保持作物生产力的同时提高氮肥利用率是必要的。

一般来讲，氮肥利用率的影响因素主要有作物需氮、土壤和环境供氮以及氮素损失，寻求合理的氮肥管理措施达到既能保持作物高产又能提高肥料利用率，成为未来主要研究难题。有机无机肥料配施结合了无机肥的速效性和有机肥的持久性，但如何进行有机无机肥合理配置以达到氮矿化过程与作物对氮素的需求量同步化是人们长期以来关注的焦点。有机无机肥料配施供氮特性受有机无机肥料结合比例、环境条件、施肥方式以及土壤性质等的影响，总体来讲，当化肥施入比例较高时更多体现化肥的供氮特性，反之则更多体现为有机肥的供氮特征，但在复杂的环境条件下氮素释放过程会发生改变。在盐渍化土壤中，盐分是影响土壤中养分循环的主要因素，特别是氮素的供应和转化（Praveen 等，1998；Westerman 等，1974）。高盐分浓度会降低无机肥料的有效性，Chandra 等（2002）进行的研究表明，土壤氮素净矿化量均随盐度升高而降低。而有机肥的施入可以改善土壤盐分环境，利于氮素转化，但其为土壤微生物提供了大量的碳源，导致微生物活动加剧（马晓霞等，2012），这将使消耗无机氮库的过程很可能发生（Burger 等，2003）。因此，盐渍化环境下有机无机肥料配施对作物氮素利用效率的影响更为复杂。

综合前人研究来看，适当的有机无机肥料配施可以提高氮肥利用效率，但施入过多的有机肥则会造成氮素损失，不利于氮素的有效吸收利用（朱海等，2019；Kramer 等，2002）。原因可以归结为：①在作物生长前期需要无机肥供应适量的无机氮满足其发育所需，但过量施入无机肥又会造成浪费，因此，施用有机肥来替代部分无机肥可以减少前期矿质氮过量累积造成的挥发、淋洗等损失，进入作物生育后期，有机肥持续矿化又能稳定地释放无机氮供作物吸收利用；②当过量施入有机氮后，有机氮的盈余量大于无机氮，这无疑降低了氮素利用率，且有机氮带入的高浓度 $NO_3^- - N$ 和 $NH_4^+ - N$ 会促进 NH_3 和 N_2O 等氮素损失。因此，从农艺及环境角度考虑，应合理进行有机无机肥料配施而避免施入过量的有机肥。

4. 有机无机肥料配施对土壤氮素损失的影响

氮（N）是作物生长的主要营养元素，在土壤中经历一系列转化，包括氨（NH_3）挥发、硝化、反硝化和固化。在内蒙古河套灌区，农民普遍在玉米播前施用氮肥，这一农艺措施延长了施氮和植物根系截留氮之间的时间，潜在地增加了土壤 NH_3 挥发、N_2O 排放和硝酸盐淋失，导致氮流失的风险加大。

NH_3 挥发是耕地中氮损失的主要途径之一，我国氨挥发损失率达到 21%（巨晓棠等，2002）。NH_3 挥发受一系列因素的影响，不同的环境条件下，影响因素的关键是不同的。在盐渍土中，土壤盐分可能成为主要影响因素。有研究表明，NH_3 挥发与土壤盐度呈正相关，然而，NH_3 挥发受到尿素水解和硝化等相关氮转化机制的影响。高盐度也可能抑制微生物生长，从而降低肥料水解，减少土壤氨挥发（El - Karim 等，2004）。同时，盐度会影响土壤的硝化作用从而会对土壤 NH_3 挥发产生影响。Mcclung 等（1985）研究发现，硝化过程的第一步和第二步都受到盐度的抑制。这些研究表明，尿素水解和硝化都受到盐度的抑制，对土壤中的铵含量有不利影响。硝化作用的抑制会导致铵的积累，从而加剧 NH_3 的挥发。相比之下，有机肥抑制水解可能会降低 $NH_4 - N$ 浓度，从而减少 NH_3 挥发。

N_2O 通过微生物介导的硝化和反硝化过程在土壤中自然产生，是导致全球变暖的主要温室气体之一（David 等，2013）。研究表明，全球农业土壤每年 $N_2O - N$ 排放量估计可达到 $3.8 \sim 6.8$ Tg（Huang 等，2004），是最主要的 N_2O 释放源（Pachauri 等，2007），其中每年因施用氮肥（含有机氮）所造成的直接或间接 $N_2O - N$ 排放约为 4Tg（Bouwman 等，2010）。过量盐分不仅会降低作物产量，而且会干扰土壤微生物活性，导致由微生物介导的土壤过程也会受到影响（Liang 等，2005）。尚会来等（2009）的研究表明，随着盐度的升高，硝化过程中 N_2O 产量和转化率均有大幅度上升。Oren 等（1999）的研究表明，在嗜盐微生物存在的情况下，反硝化过程在盐接近饱和时普遍存在，

这可能导致大量 N_2O 排放。代伟等（2019）研究发现，高盐碱环境会抑制 N_2O 还原酶的活性，从而使异养反硝化过程产生大量 N_2O。可见，限制盐渍化土壤中 N_2O 的排放极为重要。

硝酸盐淋失是最普遍的面源污染之一，已在全球范围内被广泛证实（Zhu 等，2006），大量氮素流失导致生态系统富营养化和水质退化（Zhou 等，2012；Sebilo 等，2013），还会增加人类患癌、水体缺氧和生物多样性丧失的风险（Seitzinger 等，2008；WHO，2004）。有学者在我国北方 14 个省调查发现，大多数县的氮肥施用量超过 $500kg/hm^2$，大约有一半地区地下水中硝酸盐含量超过 $11.3mg/L$（世界卫生组织或欧洲饮用水硝酸盐限量标准）（Zhang 等，1996）。Zhao 等（2011）对华北地区 1139 个地下水井硝酸盐浓度进行测定，发现约 34.1% 超过 WHO 标准。此外，Ju 等（2009）在中国北方进行的 600 个地下水实地调查发现，一些地区的浅层地下水硝酸盐浓度已经超过了 $274mg/L$，且随着时间的推移，地下水硝酸盐污染深度也在逐渐增加（Liu，2015）。杜军等（2011）进行的研究表明，河套灌区年土壤残留氮在 17.2 万 t 左右。Feng 等（2005）进行的研究表明，灌区秋浇后地下水硝态氮浓度由 $1.73mg/L$ 增加到 $21.6mg/L$。冯兆忠等（2005）对沙壕渠施肥区井水硝态氮浓度调查发现，有 65.6% 水样的硝态氮浓度超过 WHO 标准。因此，减少硝态氮淋失是河套灌区亟待解决的科学问题。

有机无机肥料配施具有快速、持久的效果，可以促进土壤微生物的生长和繁殖，刺激微生物多样性的形成，并提高水肥供应能力（Power 等，2001）。近年来，有机无机肥料配施已成为国际上研究的重点，然而，关于有机无机肥料配施对盐渍化土壤氮素流失的主要途径，尤其是氨挥发、N_2O 排放和硝态氮淋失的研究还相对较少，有待进一步研究。

5. 有机无机肥料配施对土壤微生物的影响

微生物约占地球上所有生物的 1/5，对宏观营养素和微观营养素等主要养分的转化至关重要，同时影响养分供应，并最终改善土壤健康。土壤的微生物生物量是有机产品分解的关键动力，也是土壤保护和农业生态系统得到改善的重要标志（Hu 等，2013；Cai 等，2018；Zhang 等，2015）。此外，微生物生物量，如碳（C）和 N、代谢商和土壤酶活性已被用作土壤生物健康的标志。

土壤微生物产生的酶在促进土壤养分生产过程中发挥着关键作用，即使 N、P、K 的含量相对较低，养分循环依然不仅对关键生产是必要的，而且对土壤肥力的长期表现也是必要的（Ullah 等，2008）。虽然总土壤有机碳的 1%～3% 和总土壤有机氮的 5% 是土壤生物生物量，但它们是最广泛的土壤有机碳库，因此养分的可利用性和农业生态系统的生产力在很大程度上取决于微生物生物量的质量和过程。

在目前的农业体系中，与有机肥料相比，强烈依赖化肥对土壤微生物生产力和操作的影响相对较小。在这方面，几位研究人员指出，大量使用合成肥料可能会导致微生物生物量下降，这可能是由直接毒性和铵基肥料导致的微生物 pH 值下降引起的。或者，适量化肥和有机肥的联合施用可以提高土壤酶活性和呼吸作用，从而增强土壤微生物生物量的积累。这些性状的增加主要源于粪肥的添加，因为粪肥刺激了土壤中的生物活性，增加了微生物种群，从而提高了土壤肥力、质量和植物养分吸收。此外，这些生物参数可能是土壤养分转化、生物产量和生物可及性的响应生物指数。几位作者报告称，牛粪与化肥混合对土壤的微生物生物量有显著影响。

盐分不仅会直接影响植物生长发育，还会影响与之相互作用的土壤微生物（Elmajdoub 等，2013）。盐渍土中植物覆盖量较少导致输入土壤的有机质不足，从而降低了土壤微生物量（Rath 等，2015）。此外，高土壤盐分浓度会降低土壤呼吸速率（Chowdhury 等，2011；Rousk 等，2011），并杀死对盐分敏感的微生物（Yan 等，2015）。盐分胁迫降低了微生物活性及生物量，从而抑制土壤养分转化，导致土壤生产力下降（Tripathi 等，2006）。因此，改善盐渍化土壤微生物生存环境对于农业可持续发展至关重要。

土壤微生物参与了土壤有机物分解和养分循环过程，调控着土壤的肥力和可持续生产力（Tripathi 等，2006）。研究表明，盐度对微生物群落组成的影响相较于温度、pH 值或其他理化参数更为强烈（Wang 等，2014）。因此，越来越多的研究聚焦于盐渍环境中影响氮素转化土壤微生物的变化规律（Emel 等，2018；Franklin 等，2017）。硝化过程是将土壤铵态氮（$NH_4^+ - N$）氧化为硝态氮（$NO_3^- - N$）的过程（Fawcett 等，2011）。其中从 NH_3 氧化成 NO_2^- 是该过程的限速步骤，主要由含氨单加氧酶（amoA）的氨氧化细菌（AOB）和氨氧化古菌（AOA）驱动完成（Cavagnaro 等，2008；Kowalchuk 等，2001）。研究表明，AOA 和 AOB 在不同环境中表现出对盐度的响应不同。Zhou 等（2017）研究发现，盐分增加会限制硝化细菌的适应度而抑制硝化作用。也有研究表明，AOA 丰度及土壤硝化速率与土壤盐分呈正相关，而 AOB 随盐度的增加呈现不相关或负相关（Yan 等，2015；Bernhard 等，2005）。

盐度增加对硝化作用的影响表现在它会改变硝酸盐的有效性，从而会影响反硝化作用（Giblin 等，2010）。反硝化过程是反硝化微生物将环境中的 NO_3^- 和 NO_2^- 经多种酶催化逐步还原为气态产物（NO、N_2O 和 N_2）的过程（Henderson 等，2010）。其中由 nirK 和 nirS 基因编码的亚硝酸盐还原酶将 NO_2^- 还原为 NO 被认为是脱硝的限速步骤（Zhang 等，2015；Jones 等，2010），是土壤氮素反硝化损失的主要过程。此外，由 nosZ 基因编码的氧化亚氮还原酶（将 N_2O 还原为 N_2）决定了反硝化是否能彻底进行，该基因是研究最多的反硝化基因之一（Philippot 等，2011）。众多学者已就盐度对土壤反硝化基因的影响展开研究，但仍未得出一致结论。Miao 等（2015）研究发现，nirK 对盐分的耐受性要高于 nirS，而 Zhai 等（2020）研究得到与其相反的结果。也有研究表明，盐分对 nosZ 有显著影响，盐度的增加会使 nosZ 丰度降低（Miao 等，2015；Magalhaes 等，2008）。当前关于有机无机肥料配施对于土壤微生物作用的研究大多集中于非盐渍化土壤或单一程度的盐渍化土壤。然而，土壤微生物随着盐分梯度的改变会产生明显变化（Morrissey 等，2014），有机氮投入比例对于不同程度盐渍化土壤微生物变化规律的影响尚不清楚，因此，急需量化不同盐渍化程度土壤微生物对有机肥的响应程度。

1.3 需要进一步研究的问题

综合国内外研究来看，前人关于有机无机肥料配施已进行了大量研究，并已达到了一定的深度，做了一定推广，但是笔者认为还有以下几个方面有待深入研究。

（1）有机无机氮配施对不同程度盐渍土供氮特性及水氮利用的影响。河套灌区存在着土壤盐渍化严重且田块间盐渍化程度差异较大的问题，在节水灌溉条件下，施氮是影响土壤氮素转化及作物产量的主要因素之一。因此，针对灌区不同程度盐渍化土壤，不同有机无机氮配施比例又将会产生怎样的供氮机制？此外，不同的氮素释放过程又将会如何作用于玉米对水氮的吸收利用还有待进一步研究。

（2）目前，配施有机肥已被证明有助于提高盐渍化农田玉米生产力。此外，关于有机肥对盐渍化土壤理化特性以及植物生长生理的研究也较为广泛。然而，随着土壤盐分梯度的改变，有机肥施入比例对不同程度盐渍化农田玉米光合及抗氧化系统的影响还有待深入研究。

（3）有机无机氮配施对不同程度盐渍土氮素转化的生物学机制。针对灌区不同程度的盐渍土，有机无机氮配施对土壤氮素损失（NH_3、N_2O、$NO_3^- - N$ 淋溶）将产生怎样的影响，并应从微生物学机制的角度深入揭示其损失机理，以期为灌区建立合理的"增产减排"施氮模式提供理论依据。

（4）利用田间试验结合 DNDC 模型寻求盐渍化灌区最优管理模式。受设置的试验处理数量约束，很难精准确定盐渍化灌区最佳的氮肥管理措施。此外，长期尺度（如 20 年）上不同有机无机肥料配施比例对玉米产量及含氮气体（N_2O、NO、N_2 及 NH_3）的影响尚未见报道。这主要是因为在空间和时间上存在局限性，尤其是涉及观测指标较多且试验年限较长时，成为田间试验的难题。因此，本书整合了田间试验成果和 DNDC 模型来寻求盐渍化灌区适宜的有机无机氮配施模式。

1.4 研究内容与技术路线

1.4.1 研究内容

本书的目的是通过室内培养试验及田间试验，结合 DNDC 模型，探究盐渍化玉米农田产量对有机无机氮配施的响应规律，并以氮素转化为主线来揭示有机无机氮配施对"增产减排"的影响机理，为盐渍化玉米农田进行合理的施肥管理提供理论依据。研究内容包括以下几个方面：

（1）土壤氮素矿化对盐渍化程度及有机无机氮配施的响应规律。从土壤净氨化量、净硝化量和净矿化量等方面研究了有机无机氮配施对不同程度盐渍土氮素释放的影响，为研究盐渍化农田土壤氮素转化提供理论基础。

（2）有机无机氮配施对不同程度盐渍土光合特性及抗氧化特征的影响。从玉米生长指标、光合指标及抗氧化特征指标等方面研究了有机无机氮配施对不同程度盐渍土光合性能的影响，为研究盐渍化农田玉米生理生化变化特性提供理论基础。

（3）有机无机氮配施条件下盐渍化玉米农田水氮转化研究。利用田间试验数据，从土壤储水量、矿质氮含量、水氮利用效率等方面系统研究有机无机氮配施对土壤水氮转化的影响，揭示盐渍化玉米农田有机无机氮配施产量提升机理。

（4）盐渍化玉米农田土壤氮素损失对有机无机氮配施的响应。从土壤氨挥发、N_2O 排放和硝态氮淋溶等方面研究了有机无机氮配施对盐渍化玉米农田氮素损失的影响，明确氮素转化过程中影响土壤氮素损失的关键因子。

（5）有机无机氮配施盐渍化土壤氮素转化机理研究。分析有机无机氮配施对土壤微生物量碳氮、微生物活性、氮转化相关功能微生物基因丰度及功能的影响，阐明盐渍化玉米农田土壤氮素转化过程中微生物调控机理。

（6）应用 DNDC 模型对盐渍化玉米农田进行模拟研究。利用校验后的 DNDC 模型模拟不同管理措施下玉米产量、氨挥发、N_2O 排放、硝态氮淋溶情况，综合评价不同管理措施对玉米产量及环境效应的影响。

1.4.2 技术路线

本书技术路线图如图 1.1 所示。

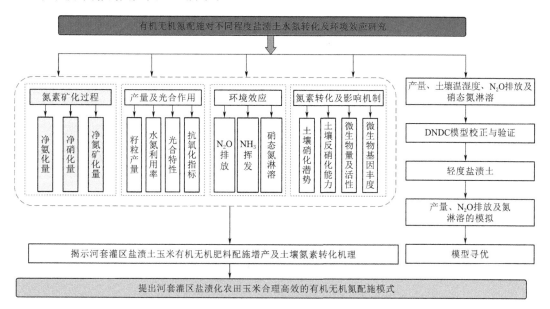

图 1.1　本书技术路线图

第2章 试验区自然条件和试验设计

2.1 试 验 区 概 况

该试验于内蒙古河套灌区解放闸灌域沙壕渠试验站（40°54′40″N，107°9′57″E，海拔 1034m）进行，试验区属于典型的干旱地区，多年平均降水量为 143mm，蒸发量为 2100mm，多年平均气温达到 7.7℃，无霜期为 135～150d。大于 10℃ 的年积温为 3551℃，年平均日照时数为 3200h，年冻融期大约在 180d 左右。全年太阳总辐射约为 6000MJ/m²，热量充足。土壤为典型的硫酸盐-氯化物型盐土，0～20cm 土层为粉壤土，20～40cm 土层为粉质黏壤土，40～60cm 土层为粉壤土，60～100cm 土层为砂壤土。试验区施肥处理前耕层初始土壤基本性状详见表 2.1。

表 2.1　　　　　　试验区施肥处理前耕层初始土壤基本性状

盐渍化程度	处理	有机质 /(g/kg)	全氮 /(g/kg)	硝态氮 /(mg/kg)	铵态氮 /(mg/kg)	速效磷 /(mg/kg)	速效钾 /(mg/kg)
轻度	CK	13.25cd	1.21b	13.39c	5.98b	35.26c	190.24c
	U_1	12.85d	1.33b	23.12b	6.76a	34.67c	183.23c
	U_3O_1	14.23bc	1.29b	25.31b	6.89a	37.69bc	185.07bc
	U_1O_1	14.56abc	1.47a	29.11a	7.86a	41.23ab	205.34ab
	U_1O_3	15.05ab	1.49a	28.58a	7.03a	43.68a	209.46a
	O_1	15.61a	1.55a	27.95a	6.80a	40.63ab	215.18a
中度	CK	12.15c	0.89cd	8.81d	2.99c	26.57a	172.67d
	U_1	11.78c	0.8d	13.15c	3.04c	22.45bcd	165.65bc
	U_3O_1	12.64bc	0.93bc	14.25bc	3.78b	21.69cd	170.33bc
	U_1O_1	13.54ab	1.09b	15.40b	4.15a	22.39b	178.98abc
	U_1O_3	14.02a	1.21a	16.77a	4.27a	20.47d	184.09ab
	O_1	14.37a	1.16ab	17.13a	4.39a	23.46bc	189.9a

注　同列数据后不同小写字母表示各个处理在 $P<0.05$ 时差异显著。

2.2 试 验 设 计

2.2.1 室内矿化实验

供试土壤盐分含量见表 2.2。以 NaCl 溶液和蒸馏水为原料，配置四种不同盐度的原溶液，溶液 EC 值分别达到 3.94dS/m、12.15dS/m、24.55dS/m、38.77dS/m。利用漏斗将供试土壤分别用这 4 种溶液浸出之后，在烘箱（30℃）中烘干 72h，将处理后的土壤充分混匀，测定其 $EC_{1:5}$ 值。重复这一过程，参照土壤盐渍化程度划分标准，使土壤盐分分别达到非盐渍化、轻度、中度和重度水平（分别为 0.46dS/m、0.98dS/m、1.55dS/m、1.97dS/m）。将土壤在室温下保持干燥，直至试验开始。

表 2.2　　　　　　　　　　供 试 土 壤 盐 分 含 量　　　　　　　　　　　　%

盐分	K^+	Na^+	Ca^+	Mg^+	SO_4^{2-}	CO_3^{2-}	HCO_3^-	Cl^-	总量
含量	0.0014	0.0180	0.0110	0.0051	0.0235	0	0.0120	0.0590	0.13

不同盐分土壤水平下分别设置五种不同的有机无机氮配比模式（有机氮占施氮的比例分别为 0、25%、50%、75% 和 100%，各处理施氮总量一致），按施氮量的 0.0895%（相当于施纯氮素量 240kg/hm²）把氮肥分别加至风干土中，充分混匀，并以不施氮处理为空白对照，依次记为 U_1、U_3O_1、U_1O_1、U_1O_3、O_1 和 CK。试验共 24 个处理，3 次重复。模拟田间施肥方式、用量及田间含水量等条件，室内恒温（25℃±0.5℃）状态下采用好气培养法进行培养，培养容器为 1L 烧杯。该试验具体培养过程为：称取过 2mm 筛的风干土壤 100g 于 1L 烧杯中，加水至田间持水量的 30%，用保鲜膜将烧杯口密封，并用针在保鲜膜上均匀扎几个小孔以创造好气环境。置于 25℃ 恒温培养箱中避光进行 1 周的预培养，以达到激活土壤微生物活性的目的。1 周后第 1 次取样，记为第 0d 取样。随后对预培养后的土壤按试验设计进行处理，通过称重调节含水量，使土壤含水量为田间持水量的 65%。将烧杯放入 25℃ 的培养箱避光培养。在培养期间，每隔 1～2d 采用称重法补充失去的水分，使土壤水分保持恒定状态。每个处理分别在培养后的 1d、3d、7d、14d、21d、28d、42d、56d、78d、90d 取 3 个重复试样，测定其 NH_4^+-N、NO_3^--N 含量。

2.2.2　田间试验

田间试验在 2018—2020 年进行，供试玉米品种为内单 314，3 年播种日期分别为 4 月 27 日、4 月 25 日、5 月 5 日，收获日期分别为 9 月 13 日、9 月 13 日、9 月 19 日。参考当地优化畦灌灌水定额 750m³/hm² 作为灌水量，优化施氮量 240kg/hm² 为施氮总量，在 S_1 土壤［轻度盐渍化土壤，3 年播前 0～40cm 深度土壤电导率（EC）均值为 0.382dS/m］、S_2 土壤［中度盐渍化土壤，3 年播前 0～40cm 深度土壤电导率（EC）均值为 1.254dS/m］盐渍化农田上分别设置 6 个处理，重复 3 次，分别为 CK（不施氮）、U_1（240kg/hm² 无机氮）、U_3O_1（180kg/hm² 无机氮＋60kg/hm² 有机氮）、U_1O_1（120kg/hm² 无机氮＋120kg/hm² 有机氮）、U_1O_3（60kg/hm² 无机氮＋180kg/hm² 有机氮）、O_1（240kg/hm² 有机氮），试验施肥设计见表 2.3。共计 36 个小区，小区面积为 30m²（6m×5m）。各小区间设有 1m 宽的隔离带并打起 15cm 高田埂。供试肥料种类是：无机肥料为尿素（含氮 46%），有机肥为商品有机肥（由玉米秸秆腐熟后喷浆造粒而成，含 N10%、P_2O_5 1%、K_2O 1%，有机质≥45%，腐植酸≥17%，S≥8%）。有机肥和磷肥（过磷酸钙 50kg/hm²，各处理施入磷肥总量一致）于耕作前作为基肥一次性施用（均匀撒施，并旋耕 20cm，不覆膜）；尿素按 1:1 的比例分别于玉米播种期和拔节期灌水时施入。

表 2.3 试 验 施 肥 设 计

处 理	施 氮 量/(kg/hm²)		
	基 肥		追 肥
	有机氮	尿素	尿素
CK	0	0	0
U₁	0	120	120
U₃O₁	60	90	90
U₁O₁	120	60	60
U₁O₃	180	30	30
O₁	240	0	0

2.3 试验观测项目及方法

2.3.1 气象资料

气象资料来自沙壕渠试验站农田微气象站，每小时进行 1 次数据采集，主要包括太阳辐射、最高气温和最低气温、最大相对湿度、最小相对湿度、2m 高度处风速、风力以及降雨量等指标。2018—2020 年春玉米 3a 生育期有效降雨量分别为 111.00mm、54.97mm、131.20mm，气温及降雨量如图 2.1 所示。

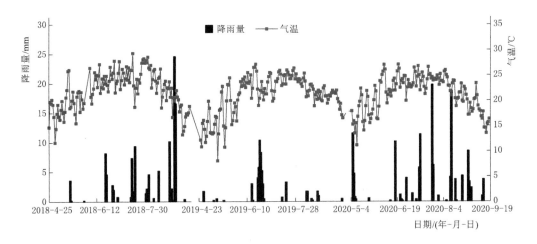

图 2.1 2018—2020 年作物生育期气温及降雨量

2.3.2 土壤及作物指标

（1）土壤含水率。采用烘干法测定土壤含水率，取样深度为 1m，分别为 0～20cm、20～40cm、40～60cm、60～80cm、80～100cm 深度。其中 0～20cm 土壤每隔 1 周左右测 1 次，其余土层在玉米播前、收获后以及关键生育期测定。

（2）土壤电导率。每 14d 左右测 1 次，播前、收获后、灌水前后第 3d、降雨前后、生育阶段转变期加测，取土层次及深度分别为 0～10cm、10～20cm、20～40cm、40～60cm、60～80cm、80～100cm 深度，3 次重复。

（3）土壤基质势。于各试验小区中间部位，分别在 90cm 深度土层和 110cm 深度土层安装负压计，测量土壤水基质势，每 2d 采集 1 次负压计读数，灌溉和降雨前后加测，用于计算地下水通量。

（4）土壤温度。土壤温度由 Li-8100 碳通量自动测量系统自带的土壤温度探针测定，将温度探针插入土体 10cm 深度测量土壤温度（T_{10}）。

（5）土壤养分。采用分光光度计与火焰光度计对土壤养分进行检测，包括全氮、有效磷、速效钾和有机质含量。有机质采用重铬酸钾容量法测定。全氮采用高锰酸钾还原，浓 H_2SO_4 消煮，凯氏定氮仪测定；土壤矿质氮检测，则先用氯化钙浸提法对土壤进行提取，再用连续流动分析仪测定含量，于春玉米收获后、秋浇（水量为 1800m^3/hm^2）前 1～2d 以及秋浇后 20d 左右将每个小区平均化为 3 个区域进行采样，作为 3 个重复，采集 0～120cm 深度土壤样品，分别为 0～10cm、10～20cm、20～40cm、40～60cm、60～80cm、80～100cm、100～120cm 深度；土壤硝态氮检测，则先用 2mol/L KCl 浸提法对土壤进行提取，再用连续流动分析仪测定含量。

（6）在各小区内放置 2 根 PVC 管（直径 20cm），分别置于株间（用于测定土壤全呼吸速率，高 10cm，嵌入土壤 5cm）和裸地（用于测定土壤异养呼吸速率）。裸地布置前清理其中可见根系，PVC 管高 50cm，嵌入土壤 45cm，在管壁四周钻孔（从管口 5cm 处向下钻孔），试验期间保证管内无活体植物。使用 Li-8100 土壤碳通量自动测量系统测定土壤全呼吸速率 [R_S，μmol/($m^2 \cdot s$)] 和土壤异养呼吸速率 [R_M，μmol/($m^2 \cdot s$)]，土壤全呼吸速率与土壤异养呼吸速率的差值为土壤自养呼吸速率 [R_{tS}，μmol/($m^2 \cdot s$)]。由于有机肥肥效较慢，故于连续施肥的第二年（2019 年）春玉米苗期（5 月 21 日）、拔节期（6 月 20 日）、抽雄期（7 月 11 日）、灌浆期（8 月 5 日）及成熟期（9 月 5 日）各观测 1 次，每次测量在 10：00—14：00 之间完成。土壤温度由 Li-8100 碳通量自动测量系统自带的土壤温度探针测定（10cm）。

（7）氨挥发测定，试验采用通气法。用聚氯乙烯硬质塑料管制成高 10cm、内径 15cm 的通气法装置，并均匀地将两块厚度均为 2cm、直径为 16cm 的海绵浸以 15mL 的磷酸甘油溶液（50mL H_3PO_4＋40mL $C_3H_8O_3$，定容至 1000mL）后置于装置中，下层海绵距管底 5cm，上层海绵与管顶部相平，并将装置插入土中至 1cm 深处。在各装置顶部 20cm 处支撑起一个遮雨顶盖以防降雨对装置产生影响。于施肥后的当天开始捕获氨的挥发，在各小区的对角线上分别安置 3 个氨捕获装置，次日早晨 8：00 取样，取样时将下层海绵迅速取出并装入有对应编号的自封袋中，密封。同时将刚刚浸润过的另一块海绵换上，上层海绵则视其干湿状况每隔 2～4d 更换 1 次。用 500mL 塑料瓶将取出的海绵剪碎后装入，加入 300mL 浓度为 1.0mol/L 的 KCL 溶液，将海绵完全浸润于其中之后振荡 1h，采用连续流动分析仪（型号 Aquakem 250）测定浸取液中的铵态氮含量。施肥后的最初 1 周，每天取 1 次样，之后视监测到的氨挥发的量每隔 2～5d 取 1 次样，直至监测不到为止。

（8）N_2O 排放。利用静态暗箱法进行气体采集，箱子尺寸为 $0.5m \times 0.5m \times 0.5m$。采样点定于玉米垄间，于播种后随机确定，将箱子的底座密封槽埋在土壤中，在密封槽中加入水，防止箱内气体外溢，箱内放置 1 支温度计，用于测定箱内温度水平。取样时用 3 通阀进气，每次取样用 100mL 注射器从采样箱采样口抽气约 100mL，气体采集时间间隔 10min，每次采样 4 个。采集的气体在实验室用 Agilent 6820 气相色谱仪（型号 Agilent 6820D）进行测定分析。气体采集时间位于灌溉、施肥和降雨后，连续取样，其他时间取样频率约 1 周 1 次，并根据作物生长及季节变化适当调整。

（9）硝态氮淋溶 1：利用田间原装渗漏计测定法（Lysimeter 法）收集土壤 50cm 深度的水样，土壤渗漏液收集盘安装在每个小区中间（表土层下 60cm 处，长 0.5m、宽 0.4m、高 0.1m）。为了保证陶瓷吸盘与土壤吸盘之间有合适的液体压力，陶瓷吸盘被安装在一个直径相当的孔中，然后用原土填充收集盘与土壤之间的孔隙。淋溶盘和集液管通过软管连通，淋溶液通过软管自动汇集于集液管，在每次灌溉和降雨后 1~2d 利用真空泵提取土壤溶液，并将试样放入 $-4℃$ 冰箱中保存，24h 内测定。采用双波长比色法测定淋溶水样中的硝态氮浓度。硝态氮淋溶 2：用多孔 PVC 管测定法采集土壤淋溶水样。选取直径为 5cm 的硬质 PVC 管制作淋溶水取样井。顶部预留 20cm，防止地表水进入；底部留 40cm 用以收集淋溶水样，每次灌水前用真空泵将管内残留水清空。在各小区内按照 0~40cm、40~80cm 深度安置淋溶水观测井，在与埋深对应的管壁上打上小孔，并用 200 目的尼龙筛网包裹。每次灌溉和降雨后 3~5d 采集淋溶水，并将试样放入 $-4℃$ 冰箱中保存，24h 内测定。采用双波长比色法测定淋溶水样中的硝态氮浓度。

（10）硝化潜势（Nitrification Potential，NP）和恢复硝化强度（Recovered nitrification potential，RNP）参考 Taylor 等（2012）的方法。其中硝化潜势测定方法为：称取 5g 土壤鲜样，将其加入 50mL 液体培养基（1.5m 浓度为 mol/L NH_4^+），以 180r/min，在 30℃ 下恒温振荡 48h，期间共 5 次采样（分别于振荡 6h、12h、24h、36h 和 48h 后），每次吸取 4mL，后将所取悬浮液离心 10min，采用流动分析仪测定上清液硝态氮和亚硝态氮浓度，用单位时间内产生的 $NO_3^- - N$ 和 $NO_2^- - N$ 总量来表征土壤硝化势。

RNP 具体测定方法为：称取两组 5g 土壤鲜样，分别加入两组 120mL 培养瓶中，将 1.5m 浓度为 mol/L NH_4^+ 液体培养基注入 50mL，然后将体积比为 0.025% 的乙炔注入其中，在 30℃ 下恒温振荡 6h 后抽去乙炔。其中一组添加浓度为 800μg/mL 的卡那霉素（Kanamycin）和浓度为 200μg/mL 的大观霉素（Spectinomycin）来抑制 AOB 中 AMO 的合成。每间隔 12h 测一次硝化势，共测 4 次。其中添加抑制剂测的是 AOA 的硝化势（RNP_{AOA}），另一组则为总的硝化势（RNP_{Total}），AOB 的硝化势（RNP_{AOB}）为 $RNP_{Total} - RNP_{AOA}$。

反硝化能力测定参考 Šimek 等（1998）的方法，具体为：取两份 10g 鲜土，分别放入两组培养瓶（120mL）中，随后加入浓度为 10m mol/L 的 KNO 溶液 4mL，加盖密封后用氩气反复冲洗 4 次，并在其中一组培养瓶中注入 10mL 乙炔（另一组则不注入）进行培养，用装有少量水、没有活塞的注射器插入瓶塞，来平衡注乙炔的培养瓶内的气压。在培养 24h 和 48h 后，从 2 组培养瓶中各抽取 5mL 气体，并用气相色谱仪（型号 GC-7890A）测定 N_2O 和 CO_2 浓度。反硝化能力由添加乙炔的培养瓶 N_2O 气体变化率来表征，代表反硝化总量（N_2O+N_2）产生率；反硝化过程中的 N_2O 排放率则由另一组培养瓶中的 N_2O 气体变化量表征。

（11）DNA 提取，通过土壤 DNA 提取试剂盒（Fast DNA Spin Kit for Soil，美国 Q-BIO gene 公司生产），提取过程参考试剂盒说明书，提取的 DNA 分别采用 Qubit 和 1% 的琼脂糖凝胶检测质量后，保存在 −20℃ 冰箱中用于后续分析。

（12）选择 A26F（5′-GACTACATMTTCTAYACWGAYTGGGC-3′）/A416R（5′-GGKGTCATRTATGGWGGYAAYGTTGG-3′）、amoA-1F（5′-GGGGTTTCTACT-GGTGGT-3′）/amoA-2R（5′-CCCCTCKGSAAAGCCTTCTTC-3′）、$F_{1a}Cu$（5′-AT-CATGGTSCTGCCGCG-3′）/R_3Cu（5′-GCCTCGATCAGRTTGTGGTT-3′）、cd3af（5′-GTSAACGTSAAGGARACSGG-3′）/R3cd（5′-GASTTCGGRTGSGTCTTGA-3′）、nosZ-F（5′-CGYTGTTCMTCGACAGCCAG-3′）/nosZ-R（5′-CGSACCTTSTT-GCCSTYGCG-3′）为引物，分别扩增 Arch-amoA、Bac-amoA、nirK、nirS 和 nosZ。PCR 反应体系包括 $10\mu L$ 2×SYBR Premixture、$10\mu mol/L$ 前后引物各 $0.4\mu L$ 以及稀释后的 DNA 模板 $2\mu L$，最终用二次蒸馏水（ddH_2O）补齐至 $20\mu L$。硝化反硝化基因标准曲线的 R^2 值均达到 0.99 以上，扩增效率在 92%～99%。

（13）春玉米生长指标。主要包括株高、叶面积、穗行数、行粒数、百粒重、地上部干物质质量、籽粒产量等。株高、叶面积均定株测量，每个处理取 3 株。玉米各个关键生育期观测 1 次。地上部干物质质量测量方法为：在收获时选取小区内玉米平均涨势的植株，将茎基与地下部根系分离，利用烘干称重法（烘箱内 105℃ 杀青 0.5h，然后将烘箱调至 80℃ 烘干至恒重）测量植株生物量，并根据各处理小区的种植密度来估算地上部干物质质量。

（14）玉米成熟时，在各小区非边行连续取样 20 株，单独收获，考种测产，取平均值。用 H_2SO_4-H_2O_2 消煮，以靛酚蓝比色法测定玉米植株氮素含量。

（15）采用 SPAD-502 叶绿素速测仪测定植物叶绿素含量；采用硫代巴比妥酸法测定丙二醛（MDA）含量；采用试剂盒测定植物超氧化物歧化酶（SOD）活性、过氧化物酶（POD）活性和过氧化氢酶（CAT）活性，试剂盒购于南京建成生物工程研究所有限公司。

（16）春玉米的生理指标主要包括净光合速率、蒸腾速率、气孔导度、细胞间 CO_2 浓度、叶片叶绿素含量及植株各器官全氮含量。春玉米叶片的净光合速率、蒸腾速率、细胞间 CO_2 浓度、气孔导度及叶绿素含量于各个关键生育期在测产区内选取能代表小区内玉米平均涨势的 3 个植株来测定。采用 LI-6400 光合仪，以开放式气路，于各关键生育期，在晴天的 9：00—11：00 对叶片净光合速率、蒸腾速率、气孔导度及细胞间 CO_2 浓度进行测定。被测定叶片的位置为各生育期上部完全展开叶（开花期前）或穗位叶（开花期后）的中上部。叶片叶绿素含量采用 SPAD-502 叶绿素仪测定。

2.3.3 土壤物理性质

轻度、中度盐渍化土壤各土层的物理性质，包括土壤容重、田间持水率、土壤颗粒组成分布及土壤质地类型见表 2.4。

2.3.4 生育阶段划分

不同年份玉米生育阶段划分见表2.5。

表 2.4 轻度、中度盐渍化土壤各土层物理性质

| 盐渍化程度 | 土层深度/cm | 土壤容重/(g/cm³) | 土壤颗粒组成分布/% | | | 田间持水率/% | 土壤质地类型 |
			沙粒(0.05mm≤粒径<2mm)	粉粒(0.002mm≤粒径<0.05mm)	黏粒(粒径<0.002mm)		
轻度	0~20	1.34	23.2	72.3	4.5	23.51	粉壤土
	20~40	1.39	15.19	62.13	22.68	25.32	粉质黏壤土
	40~60	1.45	25.12	70.25	4.63	27.32	粉壤土
	60~80	1.39	48.54	35.12	16.34	29.15	砂壤土
	80~100	1.47	52.36	40.32	7.32	28.52	砂壤土
中度	0~20	1.37	27.43	65.47	7.1	24.07	粉壤土
	20~40	1.41	18.23	68.15	13.62	26.13	粉质黏壤土
	40~60	1.47	23.44	73.45	3.11	27.98	粉壤土
	60~80	1.42	50.35	37.24	12.41	30.25	砂壤土
	80~100	1.49	55.53	40.09	4.38	29.88	砂壤土

表 2.5 不同年份玉米生育阶段划分

| 年份 | 生育阶段/(月-日) | | | | | | |
	播种期	苗期	拔节期	大喇叭口期	抽雄期	灌浆期	收获期
2018	4-27	5-10—6-7	6-8—7-1	7-2—7-10	7-11—7-25	7-26—8-23	9-13
2019	4-25	5-9—6-6	6-7—6-30	7-1—7-9	7-10—7-23	7-24—8-22	9-13
2020	5-4	5-13—6-10	6-11—7-4	7-5—7-14	7-15—7-30	7-31—8-25	9-19

2.4 计 算 方 法

（1）矿化指标计算公式为

$$NM = NA + NN \tag{2.1}$$

$$NA = CA - IA \tag{2.2}$$

$$NN = CN - IN \tag{2.3}$$

式中：NA 为净氨化量，mg/kg；CA 为培养后土壤铵态氮含量，mg/kg；IA 为初始土壤铵态氮含量，mg/kg；NN 为净硝化量，mg/kg；CN 为培养后土壤硝态氮含量，mg/kg；IN 为初始土壤硝态氮含量，mg/kg；NM 为净氮矿化量，mg/kg。

（2）水分利用效率计算公式为

$$WUE = \frac{Y}{10ET} \tag{2.4}$$

式中：WUE 为水分利用效率，kg/m³；Y 为玉米产量，kg/hm²；ET 为作物耗水量，mm。

作物耗水量计算公式为

$$ET = \Delta W + P + I + W_g \tag{2.5}$$

式中：ΔW 为作物种植和收获后土壤贮水量变化；P 为降雨量；I 为灌水量；W_g 为地下水补给量。

（3）氮素利用效率计算公式为

$$NHI = 100 G_N / P_N \tag{2.6}$$
$$RE_N = 100(N - N_0)/F \tag{2.7}$$
$$PFP_N = Y/F \tag{2.8}$$
$$AE_N = (Y - Y_0)/F \tag{2.9}$$

式中：NHI 为氮收获指数，%；G_N 为籽粒吸氮量，kg/hm²；P_N 为植株吸氮量，kg/hm²；PFP_N 为氮肥偏生产力，kg/kg；AE_N 为氮肥农学效率，kg/kg；RE_N 为氮肥当季回收率，%；Y 为施氮处理玉米籽粒产量，kg/hm²；Y_0 为 CK 处理玉米籽粒产量，kg/hm²；N 为施氮处理地上部总吸氮量，kg/hm²；N_0 为 CK 处理地上部总吸氮量，kg/hm²；F 为施氮量，kg/hm²。

（4）土壤氨挥发速率计算公式为

$$V = \frac{M}{A \times D} \times 10^{-2} \tag{2.10}$$

式中：V 为土壤氨挥发速率，kg/(hm²·d)；M 为通气法单个装置平均每次测得的 NH_3-N，mg；A 为捕获装置的横截面积，m²；D 为每次连续捕获的时间，d。

（5）N_2O 气体排放通量计算公式为

$$K = \rho \times H \times \frac{dc}{dt} \times \frac{273}{273 + T} \tag{2.11}$$

式中，K 为 N_2O 气体排放通量，$\mu g/(m^2 \cdot h)$；ρ 为标准状态下 N_2O 气体密度，其值为 1.977g/L；H 为静态暗箱高度，cm；dc/dt 为采样时 N_2O 浓度随时间变化的斜率；T 为采样箱内平均温度，℃；273 为气体方程常数。

（6）N_2O 气体排放总量计算公式为

$$K_t = \sum \frac{K_{i+1} + K_i}{2}(D_{i+1} - D_i) \times 24 \times 10^{-3} \tag{2.12}$$

式中：K_t 为 N_2O 气体排放总量，mg/m²；K_i、K_{i+1} 分别为第 i 次和第 $i+1$ 次采样时 N_2O 排放通量，$\mu g/(m^2 \cdot h)$；D_i、D_{i+1} 分别为第 i、$i+1$ 次采样时间，d。

（7）N_2O 排放系数计算公式为

$$f = \frac{F_N - F_{CK}}{N} \times 100\% \tag{2.13}$$

式中：f 为 N_2O 排放系数；F_N 为施氮处理 N_2O 排放量；F_{CK} 为对照处理 N_2O 排放量；N 为氮肥施用量，kg/hm²。

（8）土壤孔隙充水率（WFPS）计算公式为

$$WFPS = VWC \times BD/(1 - BD/2.65) \times 100\% \tag{2.14}$$

式中：VWC 为土壤重量含水量；BD 为土壤容重，g/cm^3，并假定土壤密度为 $2.65g/cm^3$。

（9）硝态氮淋失量计算公式为

$$L_N = \sum_{i=1}^{n} Lv_i \times LNC_i \times 10^{-3} \tag{2.15}$$

式中：L_N 为硝态氮累积淋溶损失量，kg/hm^2；Lv_i 为第 i 次灌水或降雨后淋溶水量，m^3/hm^2；LNC_i 为第 i 次灌水或降雨收集淋溶水中硝态氮浓度，mg/L。

（10）土壤硝态氮残留量计算公式为

$$RN = D \times S \times \gamma \times N/1000000 \tag{2.16}$$

式中：RN 为土壤硝态氮残留量，mg/kg；D 为土层厚度，m；S 为面积，$10000m^2/hm^2$；γ 为容重，kg/m^3；N 为土壤硝态氮含量，mg/kg。

2.5 田 间 管 理

从播种开始进行日常观测，记录玉米的出苗日期、出苗率，并观测记录玉米进入各生育阶段的具体日期。同时根据当地田间管理方式，进行除草、防治病虫害等工作。

2.6 数 据 统 计 分 析

用 SPSS 20.0 分析软件进行单因素方差和相关性分析，图表由 Excel 2016 和 Origin 2018 所作。

第3章　有机无机氮配施对不同程度
盐渍化土壤氮素释放规律的影响

施入有机肥可以提高土壤养分含量、有机氮丰度、土壤酶活性及促进作物生长（Wu等，2013）。有机肥养分矿化过程较慢（Seufert等，2012），有机农业面临的主要挑战是如何将有机来源的氮矿化过程与作物对氮素需求量同步化，而无机肥料具有肥效快的特点，两者结合施用可以更好地满足植物所需。因此，寻求盐渍化土壤中合理的有机无机肥料配施模式对于土壤培肥及作物增产具有重要意义。

相对于化肥来说，有机氮素转化过程更为复杂，因为从这些有机物质中释放出的氮依赖于微生物介导的氮矿化过程，这些过程受环境条件、土壤性质和有机肥特性的影响。在盐渍化土壤中，盐分是影响土壤中养分循环的主要因素，特别是氮素的供应和转化（Westerman等，1974）。有机肥的施入可以改善土壤盐分环境，利于氮素转化，但其为土壤微生物提供了大量的碳源，导致微生物活动加剧，这将使消耗无机氮库的过程很可能发生（Burge等，2003）。因此，不同有机无机肥料配比在盐渍土中所产生的氮素转化过程更为复杂，当前国内外学者针对有机无机肥料配施所产生的氮素矿化过程研究多集中于非盐渍化土壤或单一程度盐渍化土壤，而对不同程度盐分土壤条件下两者结合施用将产生怎样的供氮效应有待进一步探明。本书采用室内培养实验，研究了不同盐分条件下有机无机肥料配施对氮素转化的影响，以期为不同盐分土壤制定合理的农田土壤氮素养分管理模式提供科学参考。具体试验设计见 2.2.1 小节。

3.1　测定项目与方法

每个处理分别在培养后的 1d、3d、7d、14d、21d、28d、42d、56d、78d、90d 取 3 个重复试样，测定其 $NH_4^+ - N$、$NO_3^- - N$。

矿化指标计算公式为

$$NM = NA + NN \tag{3.1}$$

$$NA = CA - IA \tag{3.2}$$

$$NN = CN - IN \tag{3.3}$$

式中：NA 为净氨化量，mg/kg；CA 为培养后土壤铵态氮含量，mg/kg；IA 为初始土壤铵态氮含量，mg/kg；NN 为净硝化量，mg/kg；CN 为培养后土壤硝态氮含量，mg/kg；IN 为初始土壤硝态氮含量，mg/kg；NM 为净氮矿化量，mg/kg。

3.2 有机无机氮配施对不同程度
盐渍化土壤净氨化量的影响

不同盐分条件下各有机无机氮配施处理对土壤净氨化量的影响如图 3.1 所示，可以看出，土壤铵态氮释放模式在不同盐分水平和氮源类型之间有较明显的差异。在 S_1 盐分条件下，CK 处理土壤净氨化量始终为负值，这是因为微生物对铵态氮的固持作用要大于土壤本身的释放量。其余各施肥处理土壤净氨化量在培养第 1 天达到较高水平，在第 3 天出现最大值，氨化峰值表现出施入无机肥比例越大土壤净氨化量越大的趋势，其中 U_1 处理较其余施肥处理显著（$P<0.05$）高出 17.78%～90.13%。随后各处理净氨化量开始下降，且表现出施入化肥比例越大下降速率越大的趋势，U_1 与 U_3O_1 处理在培养第 6 周基本趋于稳定，而 U_1O_1、U_1O_3、O_1 处理在第 8 周之后几乎保持不变。可以看出，在盐分水平较低（0.46dS/m）的情况下，无机氮施入比例较大的处理氨化峰值较大且峰值出现后氨化量迅速下降，施入有机氮比例较大的处理氨化峰值较小，但净氨化量可以较长时间维持在较高水平，其中以 U_1O_1 处理较优。

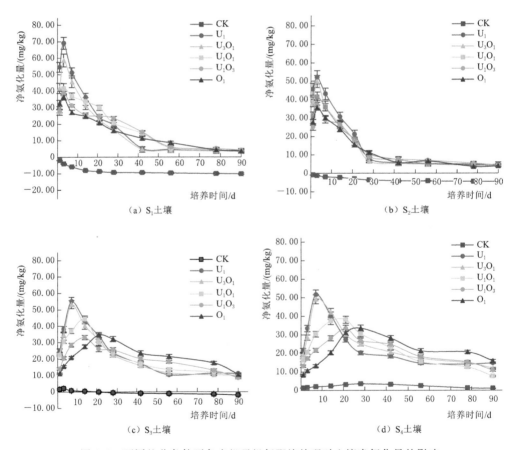

图 3.1 不同盐分条件下各有机无机氮配施处理对土壤净氨化量的影响

在 S_2 土壤条件下，CK 处理土壤净氨化量在培养期间均为负值，但较 S_1 土壤条件下略有升高。各施肥处理净氨化量峰值均出现在第 3 天，U_1 及 U_3O_1 处理净氨化峰值较 S_1 土壤条件下显著（$P < 0.05$）降低 24.71% 和 15.19%，而 U_1O_1、U_1O_3、O_1 处理较 S_1 土壤条件下略有降低，但差异不显著，至培养第 4 周均降低到较低水平。可以看出，当土壤盐分由 S_1（0.46dS/m）水平升至 S_2（0.98dS/m）水平时，盐分对无机氮施入比例较大的处理氨化量产生抑制作用，而随着有机氮施入比例增加至 50% 及以上时，会缩小同一处理两种盐分水平下的净氨化量差异，说明增势有机氮可以减小盐分对土壤铵态氮释放的胁迫，从而增加土壤氮素有效性。

在 S_3 土壤条件下，CK 处理土壤净氨化量表现出先正后负的趋势，说明高盐度可能会抑制微生物活性，导致已矿化的铵态氮被微生物同化，致使净氨化量减少。各施肥处理净氨化量峰值较 S_1、S_2 土壤条件下有所延迟，且不同有机无机肥料配施比例氨化峰值时间不一，有机肥施入比例较大的处理峰值出现时间较迟。U_1 及 U_3O_1 处理在第 7 天出现峰值，U_1O_1、U_1O_3 处理在培养第 14 天出现氨化峰值，O_1 处理在第 21 天出现峰值。可以看出，当盐分升至 S_3（1.55dS/m）水平时，高盐度不仅对无机氮施入比例较大的处理氨化量产生较大的抑制作用，并且会延缓有机氮施入比例较大处理的氨化时间。

在 S_4 土壤条件下，CK 处理净氨化量在整个培养期间均为正值，整体呈现出先升后降的趋势。U_1 与 U_3O_1 处理净氨化峰值出现时间与 S_3 土壤条件下一致，较 S_3 土壤条件下分别降低 6.46% 和 7.59%，差异不显著，而 U_1O_1 与 U_1O_3 处理较 S_3 土壤条件下净氨化峰值进一步延迟，均在第 3 周出现峰值，O_1 处理在培养第 4 周出现峰值。可以看出，当盐分升至 S_4（1.97dS/m）水平时，增大有机氮施入比例并不能有效增加土壤净氨化量，无机氮施入比例较大的处理土壤氨化量较优。

从双因素方差分析结果来看（表 3.1），土壤盐分和氮源类型均对不同培养时期的土壤净氨化量有极显著影响，除培养第 90 天以外，土壤盐分和氮源类型两者之间的交互作用也对土壤氨化量有极显著影响，一定程度上说明土壤净氨化量的变化与土壤盐分以及有机无机肥料配施比例密切相关。

表 3.1　　　　　　　　土壤净氨化量的双因素方差分析（F）

培养时间/d	盐分（S）	氮源类型（N）	S×N
1	792.25**	304.44**	26.74**
3	641.94**	338.49**	10.68**
7	32.61**	473.03**	22.24**
14	99.78**	158.01**	108.36**
21	352.09**	15.73**	18.53**
28	876.19**	62.14**	25.65**
42	1233.36**	163.38**	26.61**
56	1479.35**	219.48**	26.08**
78	1492.26**	138.59**	33.21**
90	83.17**	5.19**	3.27*

注　* 表示 $P < 0.05$，** 表示 $P < 0.01$。

3.3　有机无机氮配施对不同程度盐渍化土壤净硝化量的影响

土壤盐分及有机无机氮配施比例对培养过程中土壤净硝化量有较明显的影响。不同盐分条件下各有机无机氮配施处理对土壤净硝化量的影响如图 3.2 所示，可以看出，在 S_1 土壤条件下，CK 处理土壤净硝化量在培养期间均为负值，其余施肥处理在前 3d 都为负值，在培养第 7d 均转变为正值，各施肥处理净硝化值均呈现逐渐上升的趋势，有机肥施入比例越大的处理其净硝化值达到平稳期的时间越滞后，U_1 及 U_3O_1 处理于培养第 6 周基本趋于平稳态势，U_1O_1、U_1O_3 处理于第 8 周基本维持不变，O_1 处理净硝化峰值约出现在第 10 周。各处理表现为无机肥施入比例越大其净硝化量越大，至培养 90d，U_1 处理较其余处理显著（$P<0.05$）高出 $10.49\%\sim39.16\%$。可以看出，在低盐分水平下（0.46dS/m），无机氮施入比例较大的处理土壤净硝化量较大。

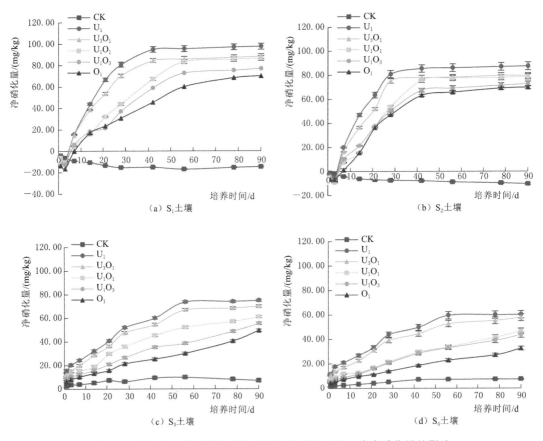

图 3.2　不同盐分条件下各有机无机氮配施处理对土壤净硝化量的影响

在 S_2 土壤条件下，CK 处理土壤净硝化量较 S_1 土壤条件下有所升高，但依然为负值。其他施肥处理净硝化值迅速升高，各处理净硝化量达到平稳时间较 S_1 土壤条件下均有所提前，而硝化峰值较 S_1 土壤条件下有所降低，U_1、U_3O_1 处理于第 4 周基本保持不变，其余处理峰值出现时间为第 6 周，各处理净硝化量最大值分别较 S_1 土壤条件下降低 $0.53\%\sim10.44\%$，施入有机肥比例越大的处理降低幅度越小。可以看出，当盐分水平升至 $0.98dS/m$ 时，各处理土壤硝化量较 S_1 土壤条件下有所降低，但土壤硝化速率有所增加，同时，增施有机氮施入比例会缓解盐分对土壤氮素硝化量的胁迫。

在 S_3 土壤条件下，各处理净硝化量在培养期间始终为正值，各施肥处理净硝化量增长速率较 S_1、S_2 土壤条件下均减缓，U_1 及 U_3O_1 处理于第 8 周基本趋于不变，而 U_1O_1、U_1O_3 及 O_1 处理在培养 90d 还未达到最大值，依然有增加的趋势。各处理在 S_4 土壤条件下净硝化量变化规律与 S_3 土壤条件下基本一致，U_1、U_3O_1 处理在培养 90d 时较 S_3 土壤条件下分别降低 19.67% 和 17.33%，其余处理在培养结束时仍保持上升的态势。可以看出，当土壤盐分增至 $1.55dS/m$ 及以上时，会抑制土壤硝化速率及硝化总量，而增大有机氮施比例会缓解这一情况，净硝化量较小且硝化峰值出现时间也较晚。

双因素方差分析结果（表 3.2）表明，在整个培养期内，土壤盐度及氮源类型均对土壤净硝化量产生极显著影响，盐分水平和有机无机肥料配施比例之间的交互作用在除培养第 78d 和 90d 外都对土壤净硝化量产生极显著影响。

表 3.2　　　　　　　　　　　　土壤净硝化量的双因素方差分析(F)

培养时间/d	盐分（S）	氮源类型（N）	S×N
1	6927.55**	40.41**	201.12**
3	7233.15**	133.28**	132.54**
7	368.31**	975.5**	15.82**
14	222.62**	840.02**	26.51**
21	488.25**	571.06**	26.45**
28	579.71**	500.23**	10.45**
42	642.32**	252.9**	8.33**
56	490.42**	205.51**	8.02**
78	400.36**	128.57**	3.59*
90	316.05**	90.95**	1.92

注　* 表示 $P<0.05$，** 表示 $P<0.01$。

3.4　有机无机氮配施对不同程度盐渍化土壤净矿化量的影响

不同盐分条件下各有机无机氮配施处理对土壤净矿化量的影响如图 3.3 所示，可以看出，有机无机氮配施比例在不同土壤盐分条件下对土壤净矿化量有较明显的区别。在 S_1 土壤条件下，CK 处理土壤净矿化量始终为负值，且呈逐渐降低的趋势，至培养结束时其值为 $-24.71mg/kg$，其余施肥处理净矿化量均为正值，呈逐渐上升的趋势，U_1 及 U_3O_1 处理于培养第 4 周趋于稳定，其余处理在培养第 8 周基本保持不变。化肥施入比例越大净矿化量越大，至培养 90d，U_1 处理较其余处理显著（$P<0.05$）高出 $10.59\%\sim$ 37.74%，说明在低盐分情况下，无机氮施入比例越大土壤净矿化量越大，且矿化峰值出现时间也较早，配施有机氮虽然会降低土壤净矿化量，但可以将矿质氮含量长时间维持在较高水平。

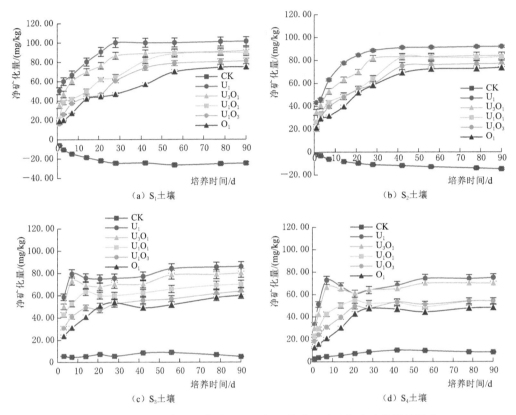

图 3.3 不同盐分条件下各有机无机氮配施处理对土壤净矿化量的影响

在 S_2 土壤条件下，CK 处理土壤净矿化量变化趋势与 S_1 土壤条件下变化规律相似，但较 S_1 土壤条件下有所上升。U_1、U_3O_1 处理净矿化量趋于稳定所需时间与 S_1 土壤条件下几乎一致，分别较 S_1 盐分条件下降低 9.38% 和 8.45%，而 U_1O_1、U_1O_3 及 O_1 处理净矿化量趋于稳定时间较 S_1 土壤条件下有所提前，于培养第 6 周基本保持不变，净矿化峰值较 S_1 土壤条件下分别降低 7.69%、5.08% 和 1.80%。S_2 土壤条件下各处理依然表现为化肥施入比例大的处理净矿化值越大，U_1 处理较其余处理显著高出 $8.65\%\sim18.44\%$，但随着有机肥施入比例的增大，差异较 S_1 土壤条件下减小。可以看出，当土壤盐分水平由 $0.46dS/m$ 增至 $0.98dS/m$ 时，会抑制土壤氮素矿化量，增加有机氮施入比例可以缩小两种盐分水平下的矿化差异。

在 S_3 土壤条件下，CK 处理净矿化量为正值，在培养期内呈上下波动态势，其余施肥处理表现出升—降—升的动态变化趋势，U_1、U_3O_1 处理净矿化量在第 8 周趋于稳定，其余处理在第 10 周增幅变缓，U_1 处理峰值较其余处理显著（$P<0.05$）高出 $7.22\%\sim$

43.10%（除与 U_3O_1 处理相比不显著），各处理峰值较 S_2 土壤条件下分别降低 4.58%～19.92%，有机肥施入比例较大的处理降低幅度越大。在 S_4 土壤条件下，各处理净矿化量变化趋势与 S_3 土壤条件下基本一致，在培养 21～28d 左右达到峰值，随后呈小幅波动态势。总体来说，化肥施入比例越大净矿化量越大，同一处理净矿化量较 S_3 土壤条件下有不同程度的降低。可以看出，当土壤盐分水平增至 1.55dS/m 及以上时，土壤盐度对有机氮施入比例较大的处理氮素矿化量也产生较强的抑制作用。

从双因素方差分析结果（表 3.3）看出，盐分及氮源类型对培养期间净矿化量产生极显著影响，两者之间的交互作用除对培养 78d 及 90d 土壤净矿化量无显著影响外，对其余均产生极显著影响。从 F 值来看，土壤盐分及氮源类型是影响氮素矿化过程的主要因素，两者之间的交互作用是影响净矿化量的次要原因。

表 3.3　　　　　　　　　　　土壤净矿化量的双因素方差分析（F）

培养时间/d	盐分（S）	氮源类型（N）	S×N
1	60.26**	357.7**	20.48**
3	56.2**	473.76**	10.25**
7	47.57**	594.43**	9.62**
14	29.92**	356.17**	6.32**
21	34.53**	211.55**	11.7**
28	81.59**	193.67**	10.36**
42	170.46**	107.51**	4.78**
56	165.47**	107.51**	4.6**
78	167.7**	107.51**	1.97
90	177.59**	68.32**	1.63

注　 * 表示 $P<0.05$，** 表示 $P<0.01$。

3.5　有机无机氮配施对不同程度盐渍化土壤电导率的影响

从表 3.4 可以看出，至培养结束时，各盐分水平下不同氮源类型对土壤电导率均产生显著影响。不同盐分水平下，CK 处理土壤电导率较培养开始时均有所降低，这一结果是由于培养期间不断向土壤中加水，从而导致土壤盐分稀释。各施肥处理均可以促使土壤电导率值增大，且表现出有机肥施入比例越大土壤电导率增幅越小的趋势，这可能与肥料化学组成有关，该试验所用的有机肥为玉米秸秆腐熟后喷浆造粒而成，含盐量较少，从而使得有机肥水解并不会造成盐分大幅上升。在 S_1 土壤条件下，各处理土壤电导率均呈现出显著性（$P<0.05$）差异，U_1 处理较其余施肥处理分别高出 8.34%～52.50%，而随着土壤盐分水平的增加，各施肥处理之间的土壤电导率差异逐渐减小，至 S_4 土壤水平时，U_1 处理除较 O_1 处理显著高出 11.79% 外，与其余处理均无显著性差异。这说明随着本底土壤盐分的逐渐增大，施肥对土壤电导率的促进作用逐渐减小。

表 3.4　　　　　　　　　　　　　　　　各试验处理土壤电导率

电导率/(dS/m)	S_1 土壤	S_2 土壤	S_3 土壤	S_4 土壤
CK	0.44e	0.85d	1.33d	1.87c
U_1	1.14a	1.49a	1.95a	2.26a
U_3O_1	1.06b	1.48a	1.86a	2.17ab
U_1O_1	0.99b	1.43a	1.80ab	2.09ab
U_1O_3	0.85c	1.32b	1.70bc	2.06ab
O_1	0.75d	1.19c	1.60c	2.02bc

注　不同小写字母表示不同处理间差异显著（$P<0.05$）。

3.6　讨　　论

　　肥料的有效性取决于其本身的化学特性及供试土壤的理化特征，是两者之间相互作用的结果（Habteselassie 等，2006）。土壤中过量的可溶性盐不仅会影响微生物的正常分布（Gioacchini 等，2006），同时对氮素转化的生物过程会产生影响（Bernhard 等，2007）。因此，通过合理的施肥模式来调控不同盐分条件下土壤氮素释放过程是提高氮素有效性的重要途径。

　　本书表明，土壤盐分在 $0.46 \sim 0.98 dS/m$ 水平时，不施肥处理土壤净氨化量在培养期间为负值，而在盐分达到 $1.55 \sim 1.98 dS/m$ 时，土壤净氨化量转为正值。说明低盐分情况下微生物对铵态氮的固持作用要大于土壤本身的释放量，而高盐度可能会抑制微生物活性（Andronov 等，2012），导致已矿化的铵态氮被微生物同化，致使净氨化量减少。本书结果发现，当盐分水平从 $0.46 dS/m$ 升至 $0.98 dS/m$ 时，土壤净氨化量下降速率明显加快，而当盐度升高至 $1.55 dS/m$ 时，盐分延缓了氨态阳离子的形成，使得在随后的培养过程中净氨化量下降速度减缓。这可能是因为适当的土壤盐分会加快土壤的硝化速率，而盐度过高会限制土壤硝化细菌的活性，从而抑制土壤铵态氮向硝态氮的转化过程（Verstraete 等，1977）。前人研究表明，相较于无机肥而言，有机肥具有肥效缓慢的特点（Manna 等，2005），本书所述的净氨化量动态变化过程也进一步证明了这一点，即在试验前期呈现出随着有机肥施入比例越大土壤净氨化量越小的趋势，而在培养后期呈现出相反态势。

　　在该研究中，土壤净硝化量受土壤盐度及氮源类型影响较为明显。当土壤盐度在 $0.98 dS/m$ 水平以下时，各施肥处理土壤净硝化量在培养 3d 内为负值，且表现出有机肥施入比例越大净硝化量越小的趋势。这可能是因为在培养初期氮素矿化过程的第二步进行得（$NH_4^+ - N$ 转变为 $NO_3^- - N$）较为缓慢，且在盐分较低时微生物对硝态氮竞争能力较强，导致土壤中硝态氮含量减少，而有机肥的施入为土壤微生物提供了充足的碳源，提高了其对氮素的竞争能力（Lindell 等，2001），使土壤硝态氮进一步下降。当土壤盐分继续增大时，各处理土壤净硝化量均转为正值，说明盐度过高会使土壤微生物活性下降，从而减少固氮量。Zeng 等（2013）的研究表明，土壤盐分对硝化速率的影响有一个阈值（EC1：5＝1.13dS/m），当盐分小于此值时促进硝化速率，高于此值时则抑制土壤硝化速率，该研究在盐分水平处于0.46～1.98dS/m时通过土壤净硝化值变化趋势也得到了相似的结果。这一试验结果表明，当盐分水平从0.46dS/m增至0.98dS/m时，盐分对化肥施入较多的处理土壤净硝化量抑制作用较大，当土壤盐分继续增大至1.55dS/m及以上水平时，盐度对施入有机肥比例较大的处理也产生较明显的抑制作用，硝化过程延长。这可能是因为土壤盐分较低时，有机肥对土壤盐分的加重程度较小，从而对硝化作用的抑制较小，而化肥的施用会较大幅度地提升土壤盐度，抑制土壤氮素的硝化作用；当土壤盐分处于较高水平时，土壤本身盐度对不同氮源类型硝化过程均会产生强烈的抑制作用。

土壤盐分及有机无机氮配施比例均会对土壤净矿化量产生显著影响。随着盐分水平的提高，不施肥处理土壤净矿化量由负转为正，且呈逐渐增大的趋势，说明盐度的增加会导致微生物主导的腐质化过程弱于土壤的矿化作用。该研究发现，当土壤盐分水平在设计范围之内时，各施肥处理土壤净矿化量均随盐度升高而降低，这与Chandra等（2002）的研究结果一致。本书研究结果表明，各处理累积净矿化量的变化分为界限分明的两部分，当盐分从0.46dS/m增至0.98dS/m时，各处理均较迅速地达到矿化峰值，且呈现出随着有机肥施入比例的增大净矿化量的差异减小的现象，这可能是有机肥对提高土壤盐分作用较小所致，至培养结束时，S_2盐分水平下单施有机肥处理较单施化肥处理土壤电导率降低25.02％。当土壤盐分水平为1.55dS/m时，各处理净矿量在培养期内呈升—降—升的变化态势，这可能是因为在铵态氮向硝态氮转化的过程中，硝化过程的第二步受土壤盐分的抑制，造成亚硝酸盐在土壤中累积，导致矿质氮含量下降（Zeng等，2013），而随着培养时间的延长，微生物细胞中渗透物质的积累会提高其耐盐能力（Asghar等，2012），微生物活性增强会促进矿化作用进行，致使矿质氮含量在培养后期呈持续增加态势。

微生物在土壤养分循环过程中起着重要作用。研究表明，土壤盐分含量过高会降低微生物活性和生物量（Hagemann等，2011），改变微生物群落结构（Mcclung等，1985），而有机肥可为微生物提供能源物质碳素和营养物质氮素，提高微生物活性。关于系统探讨不同盐分条件下有机无机肥料配施比例对微生物活性的影响以揭示土壤供氮效应机制，还有待进一步研究。该试验结果表明，随着土壤盐分的增大，氮源类型对土壤矿化过程影响增大，说明有机无机氮配施在盐分较大的土壤中更具优越性，盐度较高的土壤采取合理的有机无机氮配施比例十分必要。

3.7　本　章　小　结

在盐渍化地区，盐分是限制氮素有效性的重要因素，调控不同盐分条件下土壤氮素释放过程是提高氮素有效性的重要途径。本章从土壤净氨化量、净硝化量及净矿化量几个方面探讨了有机无机氮配施在不同盐分条件下的氮素释放过程。

（1）盐分增加会抑制土壤氨化作用，土壤净氨化量随着盐渍化程度的增加逐渐减小；土壤硝化速率随着盐分的升高呈先增后减的趋势，当土壤盐分从0.46dS/m增至0.98dS/m时，土壤硝化速率增大，但土壤盐分增至1.55dS/m及以上水平时，则会抑制土壤硝化速率。

（2）尿素氮释放迅速，在培养前期土壤氨化及硝化过程较快，且迅速达到矿化峰值；有机肥对盐分胁迫的缓解作用存在阈值，盐分为 0.98dS/m 时，增施有机氮会减小盐分对矿化作用的抑制，而盐分水平在 1.55～1.97dS/m 时，配施有机氮会导致矿化周期延长，并显著降低土壤氮素矿化量。

（3）从促进作物生长和资源合理利用角度考虑，轻、中、重盐渍化土壤分别以有机氮替代 50% 无机氮、有机氮替代 100% 无机氮以及单施无机氮处理，在培养期间会产生平稳的氮素矿化过程，且矿质氮含量也处于较高水平，有利于作物对氮素养分的吸收，提高氮素利用率。

第4章　有机无机氮配施对盐渍化土壤光合作用及抗氧化特征的影响

植物生长过程中，经常会遭受如冷害、冻害、干旱及盐害等生物和非生物胁迫，从而影响植物的正常生长发育，甚至导致植物死亡。为适应各种逆境胁迫，植物在长期的进化过程中逐步形成了一定的生理和抵御机制，以适应各种环境的变化。例如玉米等通过改变生长形态以提高自身的存活率和适应性，从而加速整个生育过程（Cao 等，2015）；在干旱胁迫下，马铃薯、花生和谷类等通过促进生根、增加根冠比以促进水分吸收（Purtolas 等，2014）。

在盐渍化地区，土壤盐分是限制作物生长的主要胁迫因子。高盐度会产生离子毒性和渗透胁迫，进而抑制玉米的生长发育（Wang 等，2017），同时，由盐分诱导的渗透胁迫降低了玉米叶片的气孔开度，从而降低其光合能力（Munns 等，2008）。盐胁迫除了限制光合能力外，还会导致光合系统中酶蛋白和叶绿素的降解（Chaves 等，2009）。此外，盐胁迫还会产生次生胁迫，尤其是氧化胁迫，活性氧（ROS）过度积累会损害植物细胞，从而导致植物体内蛋白质、核酸、脂类和光合色素受到显著影响（Munns 等，2008）。因此，提高玉米光合能力和抗氧化能力是应对盐胁迫的重要途径（Jiang 等，2011）。

虽然土壤盐渍化对作物的损伤不可避免，但通过合理的施肥可以在一定程度上改善这种状况。无机肥料通常能在短时间内快速、高效地为植物根系提供养分（Souri 等，2019），但由于长期施用无机肥会对土壤肥力产生不利影响，因而在农业生产过程中优先推荐使用有机肥料（Liu，2015；Xu 等，2014）。有机肥在减小面源污染、调节生态平衡、提高土壤肥力以及防止土壤退化等方面具有重要作用，施用有机肥作为一种可持续的改良措施已引起广泛关注，以应对土壤盐渍化带来的若干挑战（Wang 等，2017）。众多研究表明，有机肥改良土壤效果显著，如提高土壤肥力（Chinnusamy 等，2005）、减少养分淋失（Wen 等，2016）、刺激土壤酶活性（Liang 等，2005）、改善土壤结构和微生物活性（Porcel 等，2012；Wen 等，2016）、促进植物生长发育，并提高产量及水氮利用效率。越来越多的证据表明，使用有机肥改善土壤的物理、化学和生物特性，可广泛用于改良受盐影响的土壤。例如，将有机肥用于盐碱土可以显著降低土壤盐分和 pH 值，增加土壤有机物、微生物量、微生物活性，促进植物生长（Liu，2015）。然而，在盐渍化土壤中进行不合理的有机肥施用可能对作物生长及产量影响较小，甚至产生负面影响。有机肥对盐碱土的改良效果很大程度上取决于有机肥施用量，减少化肥用量，合理地将其与有机肥料结合施用成为改盐增肥的关键（Porcel 等，2012）。

内蒙古河套灌区是我国盐渍化地区的典型代表，在自然因素和人类活动干扰下，当地土壤次生盐渍化日益加重，严重限制了植物光合能力和抗氧化能力，显著减少了植被覆盖量（Munns 等，2008）。合理的有机无机肥料配施模式可能提供一种易于实施、有效和高度可持续的解决方案，以提高植物的光合性能并缓解氧化胁迫，从而恢复盐渍土生产力。目前，配施有机肥已被证明有助于提高盐渍化农田玉米生产力。此外，关于有机肥对盐渍化土壤理化特性以及植物生长生理的研究也较为广泛。然而，随着土壤盐分梯度的改变，有机肥施入比例对不同程度盐渍化农田玉米光合及抗氧化系统影响还有待深入研究。

为了说明有机无机氮配施如何影响不同程度盐渍土玉米生长指标、光合特性、丙二醛含量和抗氧化特征，本书选取河套灌区轻度、中度盐渍化玉米农田，分别设置 5 种有机无机氮配施比例进行田间试验。该研究的目的是检验以下两个假设：①与单施无机肥相比，配施有机肥可以提高盐渍化农田玉米光合性能及抗氧化能力，从而提高玉米产量；②有机无机肥料配施比例与土壤盐分水平对玉米光合指标及抗氧化特征影响会产生交互作用。

4.1 测定项目与方法

（1）玉米生长指标。主要包括株高、叶面积、穗行数、行粒数、百粒重、地上部干物质质量、籽粒产量等。株高、叶面积均定株测量，每个处理取 3 株。玉米各个关键生育期观测 1 次。地上部干物质质量测量方法为：在收获时选取小区内玉米平均涨势的植株，将茎基与地下部根系分离，利用烘干称重法（烘箱内 105℃杀青 0.5h，然后将烘箱调至80℃烘干至恒重）测量植株生物量，并根据各处理小区的种植密度来估算地上部干物质质量。

（2）光合及抗氧化指标。采用 LI‐6400 光合仪，以开放式气路，于各关键生育期，在晴天的 9：00—11：00 对叶片光合速率、蒸腾速率、气孔导度及细胞间 CO_2 浓度进行测定，采用 SPAD‐502 叶绿素速测仪测定植物叶绿素含量；采用硫代巴比妥酸法测定丙二醛（MDA）含量；采用试剂盒测定植物超氧化物歧化酶（SOD）活性、过氧化物酶（POD）活性和过氧化氢酶（CAT）活性，试剂盒购自于南京建成生物工程研究所有限公司。玉米成熟时，在各小区非边行连续取样 20 株，单独收获，考种测产。本书各项测定指标取 3 年平均值。

4.2 有机无机氮配施对不同程度盐渍化土壤生长指标的影响

4.2.1 不同程度盐渍化土壤肥料配施对玉米生育期株高的影响

图 4.1（a）和图 4.1（b）分别为轻度、中度盐渍化土壤各生育阶段玉米株高变化（3年均值），通过分析可以得知，同一处理轻度盐渍化土壤玉米株高均显著高于中度盐渍化土壤玉米株高；同一盐渍化程度土壤，除玉米苗期外，各施肥处理玉米株高均显著高于CK 处理玉米株高。

轻度盐渍化土壤，在玉米拔节期，U_1 处理最大，与 U_3O_1 处理之间无显著差异，但均显著高于 U_1O_1、U_1O_3 和 O_1 处理；大喇叭口期，各施肥处理株高表现为 $U_1 > U_3O_1 >$ $U_1O_3 > U_1O_1 > O_1$，但各处理之间均无显著差异。大喇叭口期-灌浆期，有机肥肥效持久的优势开始显现，配施 50% 以上有机肥处理的玉米株高生长速率明显大于其余处理，有机无机肥各半配施处理最大，为 26%。

中度盐渍化土壤，拔节期-灌浆期，均表现为配施 50% 以上有机肥处理株高较大，且均表现为 O_1 处理最大，与 U_1O_1、U_1O_3 处理之间无显著差异，但显著高于单施尿素处理。这可能是由于该试验土壤初始肥力较好，有机肥通过矿化作用释放的养分可以满足作物所需，且高盐度抑制作物生长发育，增施有机肥可以改善土壤及微生物呼吸，利于作物生长，在作物生长后期，有机肥肥效持久，可以更好地满足作物生长所需。

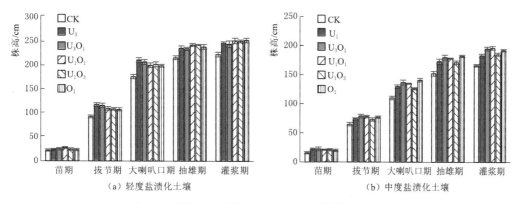

图 4.1 轻度、中度盐渍化土壤各生育阶段玉米株高

4.2.2 不同程度盐渍化土壤肥料配施对玉米生育期叶面积指数（LAI）的影响

图 4.2（a）、和图 4.2（b）分别是轻度、中度盐渍化土壤不同肥料配施条件下玉米叶面积指数全生育期的变化规律（3年均值）。不同程度盐渍化土壤各肥料配施处理下玉米叶面积指数均呈现出先升高后降低的单峰变化趋势。研究发现，不同生育期轻度盐渍化土壤玉米叶面积指数均显著高于中度盐渍化土壤各处理玉米叶面积指数，盐分胁迫会抑制植株的生长发育。

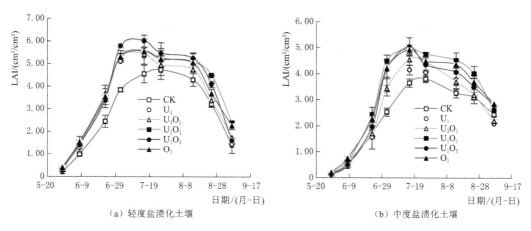

图 4.2 轻度、中度盐渍化土壤不同肥料配施条件下
玉米叶面积指数全生育期的变化规律

春玉米苗期叶片较小，LAI 值为整个生育期最低值，各处理之间差异不明显。进入拔节期后，春玉米各营养器官迅速生长，叶片伸展扩大，且由于拔节期开始灌水追肥，故不施氮的对照处理的 LAI 值与各施氮处理显现出明显差距，在玉米抽雄期，各处理 LAI 值均达到峰值。增加有机肥的施入比重可以不同程度地提高玉米的叶面积指数，玉米抽雄期，轻度、中度盐渍化土壤上不同肥料配施处理与 CK 相比，各处理 LAI 值平均增幅范围分别为 17.36%～32.08% 和 13.70%～37.08%。

进入灌浆期，各肥料配施处理 LAI 值均有所降低，轻度盐渍化土壤 U_1O_1 处理叶面积指数最大，显著高于其余处理，U_1O_3、O_1 处理叶面积指数也显著高于 U_3O_1、U_1 处理的叶面积指数；中度盐渍化土壤各处理叶面积指数大小表现为 $U_1O_3>O_1>U_1O_1>U_1>U_3O_1$。由上述数据可知，增加有机肥施入比例可以增加玉米的叶面积指数，延缓叶片衰老。

从灌浆期到成熟期，玉米各器官养分均向籽粒转运，叶片也逐渐开始衰老，叶片面积萎缩，其 LAI 值进入下降期。玉米成熟后，植株部分叶片枯黄脱落，各处理 LAI 值及叶片值已无明显差异。

4.2.3　不同盐渍化土壤肥料配施对玉米叶绿素含量的影响

轻度、中度盐渍化土壤不同肥料配施比例对玉米生育期叶绿素含量的影响如图 4.3 所示。由图可以看出，玉米整个生育期内叶绿素含量呈现先升高后降低的趋势，且均在抽雄期达到峰值，之后有不同程度的降低，对比不同处理，对照处理叶绿素含量在整个生育期都显著低于其他施肥处理。

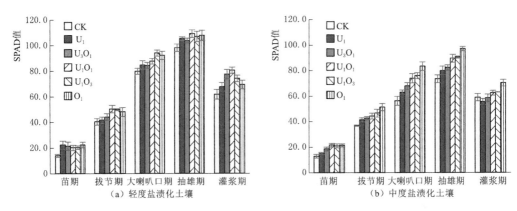

图 4.3　轻度、中度盐渍化土壤不同肥料配施比例对玉米生育期叶绿素含量的影响

轻度盐渍化土壤，苗期不同有机无机肥料配施处理玉米叶绿素含量无显著差异；随着生育期的推进，配施有机肥处理优势开始显现，抽雄期各处理叶绿素含量均达到最大值，O_1、U_1O_3 及 U_1O_1 处理之间无显著差异，但均显著高于其余各处理；进入灌浆期，不同处理叶绿素含量均有所下降，但配施有机肥可以明显延缓叶片衰老，各处理叶绿素含量表现为 $U_1O_1>U_1O_3>O_1>U_3O_1>U_1$，均呈显著性差异。

中度盐渍化土壤，在玉米整个生育期均表现为单施有机肥玉米叶绿素含量最大，玉米抽雄期及灌浆期，O_1 处理较其余各处理分别高出 7.50%～21.54% 和 11.35%～26.44%。

4.3 有机无机氮配施对不同程度盐渍化土壤玉米光合特性的影响

4.3.1 不同盐渍化土壤肥料配施对玉米净光合速率（Pn）的影响

轻度、中度盐渍化土壤不同有机无机肥料配施下玉米叶片净光合速率的变化规律如图 4.4 所示（3 年均值）。由图可知，同一生育期相同肥料配施条件下，中度盐渍化土壤玉米光合速率均高于轻度盐渍化土壤，不同程度盐渍化土壤玉米整个生育期各处理光合速率均呈单峰变化曲线，即在抽雄期达到峰值，之后呈现不同程度的下降，不同处理之间，从苗期至灌浆期，对照的 Pn 显著低于其余各施肥处理。

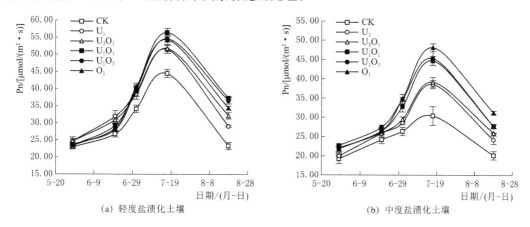

图 4.4　轻度、中度盐渍化土壤不同有机无机肥料配施条件下玉米叶片对净光合速率的影响

轻度盐渍化土壤，苗期和拔节期各处理之间光合速率表现为 U_1、U_3O_1 处理显著高于其他处理，而其他有机无机肥料配施之间无显著性差异；大喇叭口期，各肥料配施处理之间光合速率均无显著差异；进入抽雄期，各处理 Pn 均达到最大值，此时有机无机各半配施处理 Pn 显著高于其他处理，U_1O_3、O_1 处理之间无显著差异，但均显著高于 U_1、U_3O_1 处理；抽雄期后，各处理光合速率均开始下降，单施尿素下降速率最快；灌浆期各处理之间 Pn 差异显著性与抽雄期表现一致。

中度盐渍化土壤，苗期各有机肥与化肥配施处理之间 Pn 均无显著差异，此后各生育期均表现为单施有机肥处理光合速率最大，显著高于其他各处理，U_1O_1、U_1O_3 处理之间无显著性差异，但均显著高于 U_1、U_3O_1 处理。

4.3.2 不同盐渍化土壤肥料配施对玉米蒸腾速率（Tr）的影响

由图 4.5（a）和图 4.5（b）可知，轻度、中度盐渍化土壤有机无机肥料配施对玉米蒸腾速率影响各异（3 年均值）。同一生育期，同一肥料配施处理轻度盐渍化土壤玉米蒸腾速率均高于中度盐渍化土壤，轻度、中度盐渍化土壤玉米生育期内蒸腾速率变化均呈先升后降的趋势，施肥处理均高于对照处理，且各处理峰值均出现在抽雄期，这与光合速率的变化基本一致。

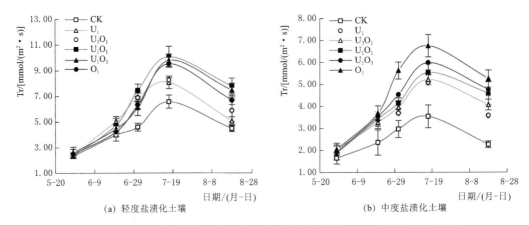

(a) 轻度盐渍化土壤   (b) 中度盐渍化土壤

图4.5 轻度、中度盐渍化土壤不同有机无机肥料配施对玉米蒸腾速率的影响

轻度盐渍化土壤，苗期各处理之间玉米蒸腾速率均无显著性差异；拔节期单施尿素处理玉米蒸腾速率显著高于其他各处理；进入抽雄期，各处理蒸腾速率均达到最大值，有机无机肥料各半配施处理显著高于其余处理，较其余各处理高出 2.62%～24.66%，U_1O_3、O_1 处理之间无显著差异，但均显著高于 U_1、U_3O_1 处理；灌浆期各处理蒸腾速率均呈现不同程度下降趋势，配施 50% 有机氮肥蒸腾速率下降速率明显低于其余处理。

中度盐渍化土壤，玉米苗期和拔节期各肥料配施处理之间蒸腾速率无显著性差异；大喇叭口期，各处理蒸腾速率表现为 $O_1 > U_1O_3 > U_1O_1 > U_3O_1 > U_1$，即有机肥施入比例越大，作物蒸腾速率越大；在玉米抽雄期和灌浆期，单施有机肥处理显著高于其余各处理，两个时期分别较其余处理高出 12.79%～32.76% 和 10.29%～46.82%，U_1O_1 和 U_1O_3 处理之间无显著性差异，但均显著高于 U_1、U_3O_1 处理。

春玉米整个生育期内，各处理的净光合速率和其对应蒸腾速率的变化趋势相一致，故对两个指标的数据进行相关性分析，相关性分析结果如图 4.6（a）和图 4.6（b）所示。由结果可知，轻度、中度盐渍化土壤两者的相关系数 R^2 均大于 0.8，玉米叶片净光合速率与其蒸腾速率呈现良好的线性正相关性。

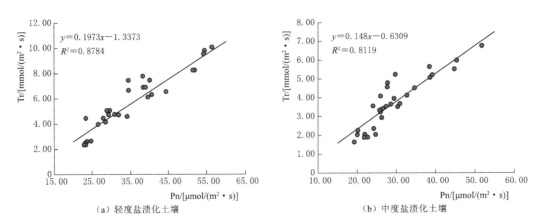

（a）轻度盐渍化土壤   （b）中度盐渍化土壤

图4.6 光合速率与蒸腾速率的相关性

4.3.3 不同盐渍化土壤肥料配施对玉米气孔导度（Qs）的影响

气孔导度反映了叶片气孔的张开程度，并控制着作物与外界环境的水、气交换。气孔导度的大小直接控制着叶片蒸腾失水以及外界 CO_2 的供应，是体现玉米叶片与外界进行水、气与 CO_2 交换能力的重要指标。细胞间 CO_2 浓度即玉米叶片内环境中的 CO_2 浓度。作物进行光合作用的主要原料是 H_2O 和 CO_2，故气孔导度及细胞间 CO_2 浓度是共同影响净光合速率的重要因素。

由图 4.7（a）和图 4.7（b）可以看出（3 年均值），不同有机无机肥料配施处理玉米叶片气孔导度从苗期至抽雄期均呈先升后降的趋势，在抽雄期较高，这与光合速率及蒸腾速率变化相似，不同肥料组合处理对气孔导度的影响在轻度、中度盐渍化土壤表现不一。

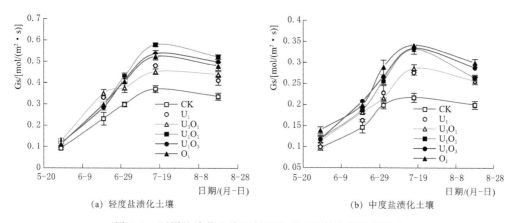

图 4.7　不同盐渍化土壤肥料配施对玉米气孔导度的影响

轻度盐渍化土壤，苗期各处理气孔导度表现为 U_1＞U_3O_1＞U_1O_3＞U_1O_1＞O_1，且各处理间显著性差异（$P<0.05$）；拔节期，U_1 及 U_3O_1 处理之间无显著性差异，但均显著高于其余处理，配施有机肥比例大于 50% 的处理之间无显著性差异；大喇叭口期，各肥料配施处理气孔导度与拔节期表现出相反的趋势，此时期配施有机肥的比例大于 50% 的处理玉米叶片气孔导度显著高于其他处理；抽雄期，各处理气孔导度均达到最大值，U_1O_1 处理最大，较单施尿素处理高出 20.25%；灌浆期各处理气孔导度均有不同程度下降，有机无机肥料各半配施显著高于其余各处理，U_1O_3、O_1 处理之间无显著差异，但均显著高于 U_1 与 U_3O_1 处理玉米叶片气孔导度。

中度盐渍化土壤，在玉米各个生育期均表现为 O_1、U_1O_3 及 U_1O_1 处理叶片气孔导度显著高于 U_1、U_3O_1 处理气孔导度。

4.3.4 不同盐渍化壤肥料配施对玉米叶片胞间 CO_2 浓度（Ci）的影响

不同程度盐渍化土壤肥料配施对玉米叶片胞间 CO_2 浓度的影响如图 4.8（a）和图 4.8（b）所示（3 年均值）。在春玉米整个生育期内，叶片细胞间 CO_2 浓度的变化趋势呈现出与其净光合速率、蒸腾速率以及气孔导度相反的规律。从苗期开始，随着生育进程的推进，各处理的细胞间 CO_2 浓度呈现出先降低后升高的单谷变化趋势，其最低值出现在抽雄期。抽雄期后，各处理的细胞间 CO_2 浓度逐渐回升。不同程度盐渍化土壤，除玉米苗期外，同一处理下中度盐渍化土壤玉米叶片胞间 CO_2 浓度均高于轻度盐渍化土壤。

轻度、中度盐渍化土壤在玉米整个生育内均表现为有机肥施入比例越大，胞间 CO_2 浓度越小的规律。轻度盐渍化土壤，在玉米大喇叭口期、抽雄期和灌浆期，单施有机肥较单施化肥处理分别降低 13.00%、15.78% 和 13.63%，中度盐渍化土壤分别降低 4.59%、10.07% 和 13.43%。这说明增加有机肥配施比例可以显著降低玉米各生育期叶片胞间 CO_2 浓度。

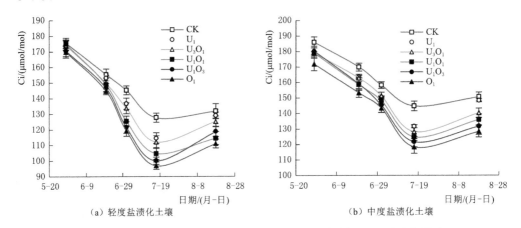

图 4.8　不同程度盐渍化土壤肥料配施对玉米叶片胞间 CO_2 浓度的影响

4.3.5　不同盐渍化土壤肥料配施对春玉米光合指标的影响

图 4.9（a）～图 4.9（d）分别为轻度、中度盐渍化土壤不同有机无机肥料配施比例下玉米灌浆期光合速率、蒸腾速率、气孔导度及胞间 CO_2 浓度的模拟。轻度盐渍化土壤，不同肥料配施处理春玉米的净光合速率分别较 CK 高出 24.52%、37.86%、59.99%、56.78%、47.51%，在有机肥施入比例为 50% 时达到最大 $[37.31\mu mol/(m^2 \cdot s)]$，随后逐渐降低。轻度盐渍化土壤 Pn 的模拟趋势线为 $y = -0.0044x^2 + 0.4445x + 68.278$，对其系数进行检验，$b$ 和 x_0 均达到显著水平（$P < 0.05$），a 未达到显著水平，$R^2 = 0.9171$，标准估计误差为 1.307。

不同有机无机肥料配施处理玉米蒸腾速率较分别较 CK 高出 13.45%、31.39%、74.21%、66.88%、49.66%，说明不同肥料配比对玉米蒸腾速率的促进作用先逐渐提高，在有机肥配比为 50% 时达到最大 $[7.77m\ mol/(m^2 \cdot s)]$，随后随着有机肥施入比例的增大，对玉米的促进作用逐渐降低，Tr 的模拟趋势线为 $y = -0.0006x^2 + 0.0807x + 4.8314$，只有 x_0 达到极显著水平（$P < 0.01$），$R^2 = 0.8762$ 标准估计误差为 0.556。

不同肥料配施处理下玉米的气孔导度分别较 CK 处理 $[0.36mol/(m^2 \cdot s)]$ 高出 22.54%、30.98%、55.52%、48.39、42.52，说明随着有机肥施入比例的增加，对玉米气孔导度的促进作用先升后降，50%N＋50%O 处理最大 $[0.55mol/(m^2 \cdot s)]$，其模拟趋势线为 $y = -2E-05x^2 + 0.0033x + 0.4269$，对其系数进行检验发现，$x_0$ 达到极显著水平，a（0.168）以及 b（0.113）均不显著，$R^2 = 0.8364$，标准估计误差为 0.027。

不同有机肥化肥配施玉米叶片胞间 CO_2 浓度分别较 CK 处理（133.37$\mu mol/mol$）低 2.23%、5.17%、13.50%、10.13%、16.16%，这与 Pn、Tr 和 Gs 呈相反趋势，当有机

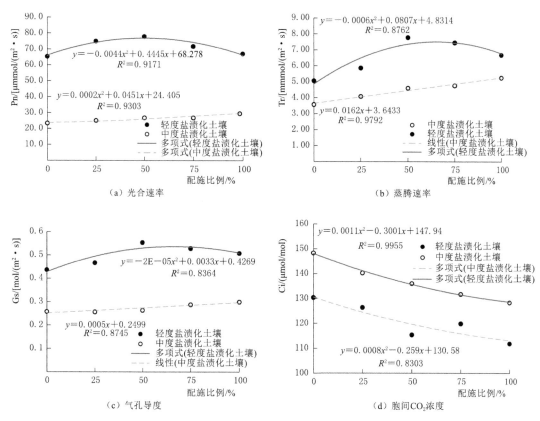

图 4.9　不同盐渍化土壤肥料配施比例对春玉米光合指标的影响

肥施入比例为 50% 时，玉米胞间 CO_2 浓度最低为 $115.37\mu mol/mol$。其模拟趋势线为 $y = 0.0008x^2 - 0.259x + 130.58$，其系数 a 达到极显著水平（$P = 0.001$），$R^2 = 0.8303$，标准估计误差为 4.467。中度盐渍化土壤，不同有机无机肥料配施处理在玉米灌浆期的净光合速率较 CK 分别高出 19.85%、28.86%、37.57%、37.70%、55.09%，结果表明随着有机肥施入比例的增大，对玉米光和速率的促进作用越大，单施有机肥处理显著高于其余处理 [$31.25\mu mol/(m^2 \cdot s)$]。其模拟趋势线为 $y = 0.0002x^2 + 0.0451x + 24.405$，其系数 b 及 x_0 均达到显著水平，a 不显著（$P = 0.699$），$R^2 = 0.9303$，标准估计误差为 0.98。

各有机肥化肥配施处理玉米灌浆期气孔导度较 CK 处理分别高出 29.34%、28.83%、32.42%、44.38%、50.17%，随着有机肥施入比例的增大，玉米气孔导度基本呈现逐渐增大的趋势，O_1 处理最大 [$0.2988mol/(m^2 \cdot s)$]，对其进行模拟，得到趋势线为 $y = 0.0162x + 3.6433$，其系数 a 及 x_0 均达到极显著水平，$R^2 = 0.9792$，标准估计误差为 0.105。各处理灌浆期玉米蒸腾速率较 CK 处理 [$2.26m\,mol/(m^2 \cdot s)$] 分别高出 58.13%、50.74%、57.37%、54.42%、62.88%，以单施有机肥处理最大 [$5.25m\,mol/(m^2 \cdot s)$]，模拟趋势线为 $y = 0.0005x + 0.2499$，系数 a 及 x_0 均达到极显著水平（$P < 0.01$），$R^2 = 0.8745$，标准估计误差为 0.0079。

不同肥料配施处理春玉米灌浆期胞间 CO_2 浓度分别较 CK 处理分别降低 1.57%、6.89%、9.74%、12.55、14.79%，这与中度盐渍化土壤 Pn、Tr、Gs 呈相反趋势，单施有机肥处理最低（$128.37\mu\mathrm{mol/mol}$）。其模拟趋势线为 $y=0.0011x^2-0.3001x+147.94$，系数 b 及 x_0 均达到显著水平，a 并不显著（0.078），$R^2=0.9955$，标准估计误差为 0.74。

灌浆期是作物通过光合作用将产生的淀粉、蛋白质和积累的有机物质通过同化作用将它们储存在籽粒里的关键生育期，通过对轻度、中度盐渍化土壤玉米灌浆期各光合指标模拟，发现轻度盐渍化土壤有机无机肥料各半配施处理玉米各光合指标更有利于作物籽粒增产，而中度盐渍化土壤 O_1 处理灌浆期光合指标优势明显。

4.4　有机无机氮配施对不同程度盐渍化土壤丙二醛含量和抗氧化酶活性的影响

由表 4.1 可知，盐分增加会导致植物产生逆境胁迫，S_2 土壤玉米 MDA 含量较 S_1 土壤显著提高 $12.00\%\sim143.40\%$，而盐分胁迫下玉米抗氧化酶活性（MDA）有所增加，S_2 土壤玉米 CAT 活性、SOD 活性、POD 活性分别较 S_1 土壤提高 $15.38\%\sim275.00\%$、$4.90\%\sim13.20\%$ 和 $7.31\%\sim15.35\%$。

表 4.1　有机无机氮配施对不同程度盐渍化土壤丙二醛含量和抗氧化酶活性的影响

处　理	MDA 含量/($\mu\mathrm{mol/g}$)		CAT 活性/(U/mg)		SOD 活性/(U/mg)		POD 活性/(U/mg)	
	S_1 土壤	S_2 土壤	S_1 土壤	S_2 土壤	S_1 土壤	S_2 土壤	S_1 土壤	S_2 土壤
CK	1.39a	1.97a	0.16e	0.31e	243.23d	275.34a	467.43c	519.45c
U_1	1.33a	1.52ab	0.39a	0.45cd	259.18bc	290.35a	571.18a	612.98a
U_3O_1	1.25ab	1.29c	0.35ab	0.52c	268.37ab	295.56a	556.19a	600.54a
U_1O_1	0.53d	1.4bc	0.31b	0.53c	290.12a	287.59a	531.28ab	592.12a
U_1O_3	0.64cd	1.25cd	0.26c	0.64b	292.36a	297.19a	511.28b	588.43ab
O_1	0.92c	1.13e	0.2d	0.75a	287.17a	286.69a	492.34c	567.89b

注　同列数据后不同小写字母表示处理之间在 $P<0.05$ 水平差异显著，下同。

在 S_1 土壤条件下，随着有机氮施入量的增加，MDA 含量呈现出先降后升的趋势，以 U_1O_1 处理最低，较 U_1 处理，MDA 含量显著降低 150.94%（$P<0.05$）；CAT 活性和 POD 活性则随有机氮施入量的增加呈逐渐降低的趋势，U_1 处理 CAT、POD 活性较 O_1 处理分别提高 95.00% 和 16.01%（$P<0.05$）；SOD 活性随有机氮施入量的增加呈先升后降的趋势，U_1O_1、U_1O_3、O_1 处理之间 SOD 活性无显著性差异，较 U_1 处理分别显著高出 21.92%、16.68% 和 14.38%（$P<0.05$）。

在 S_2 土壤条件下，配施有机氮会对盐胁迫抑制作用产生积极的响应，MDA 含量随着有机氮施入量的增加而降低，O_1 处理 MDA 含量较其余处理显著降低 $40.24\%\sim140.24\%$；CAT 活性随有机氮施入量的增加呈逐渐增加的趋势，O_1 处理 CAT 活性最大，较其余处理显著高出 $17.19\%\sim66.67\%$（$P<0.05$），而各处理之间 SOD 活性并无显著性差异；POD 活性随有机氮施用量的增加呈逐渐降低的趋势，但各处理之间差异并不明显。

4.5 有机无机氮配施对不同程度
盐渍化土壤产量的影响

由表 4.2 可知，盐分胁迫会抑制玉米产量，S_2 土壤玉米产量较 S_1 土壤显著降低 40.60%～65.97%（$P < 0.05$）；施氮可以显著提高玉米产量，S_1 土壤产量随着有机氮施入比例的增加呈先升后降的趋势，以 U_1O_1（12349.44kg/hm²）处理产量最大，较其余施氮处理显著高出 11.41%～17.92%（$P < 0.05$）。增施有机氮可以显著缓解盐分胁迫对玉米产量的抑制，且随着有机氮施入比例的增加而增加，S_2 土壤玉米产量以 O_1（8234.77kg/hm²）处理最大，较其余施氮处理显著高出 5.67%～24.84%（与 U_1O_3 处理差异不显著）。

表 4.2 作物产量对施氮的响应

处理	S_1 土壤	S_2 土壤	处理	S_1 土壤	S_2 土壤
CK	7620.69e	5419.83e	U_1	10472.92d	6595.83d
U_3O_1	10810.07bc	6779.81d	U_1O_1	12349.44a	7440.76bc
U_1O_3	11084.22b	7792.79ab	O_1	11043.09b	8234.77a

4.6 相关性分析

Person 相关性分析表明（表 4.3），在 S_1 土壤条件下，玉米产量与生物量、株高之间的相关性不显著（$P > 0.05$），而与叶面积指数、叶绿素含量呈极显著正相关关系（$P < 0.01$）；玉米产量与各光合指标均呈极显著正相关关系（$P < 0.01$）；玉米产量与 MDA 含量呈极显著负相关关系（$P < 0.01$），与 SOD 活性呈显著正相关关系（$P < 0.05$），而与 CAT 活性和 POD 活性相关性并不显著（$P > 0.05$）。玉米生物量、株高之间存在极显著正相关关系（$P < 0.01$），但两者与叶面积指数、叶绿素含量相关性不显著（$P > 0.05$）；玉米生物量、株高与各光合指标均无显著相关性（$P > 0.05$），而玉米叶面积指数和叶绿素含量与各光合指标呈显著（$P < 0.05$）或极显著正相关关系（$P < 0.01$）；玉米生物量、株高与 MDA 含量无显著性差异（$P > 0.05$），而玉米叶面积指数、叶绿素含量与 MDA 含量呈极显著负相关关系（$P < 0.01$）。玉米各光合指标之间均呈极显著正相关关系（$P < 0.01$）；玉米各光合指标与 MDA 含量呈极显著负相关关系（$P < 0.01$），与 SOD 活性呈极显著正相关关系（$P < 0.01$），而与 CAT 活性和 POD 活性无显著性差异（$P > 0.05$）。

在 S_2 土壤条件下，玉米产量与各生长指标及光合特性指标呈显著（$P < 0.05$）或极显著正相关关系（$P < 0.01$）；玉米产量与 MDA 含量呈极显著负相关关系（$P < 0.01$），与 CAT 活性呈极显著正相关关系（$P < 0.01$），而与 SOD 活性和 POD 活性无显著性差异（$P > 0.05$）。玉米各生长指标间呈极显著正相关关系（$P < 0.01$），同时，玉米各生长指标与各光合指标存在显著（$P < 0.05$）或极显著正相关关系（$P < 0.01$）；玉米各生长指标与 MDA 含量呈极显著负相关关系（$P < 0.01$），与 CAT 活性存在显著正相关关系

生长生理指标相关性分析

表 4.3

土壤	指标	产量	生物量	株高	叶面积指数	叶绿素含量	净光合速率	蒸腾速率	气孔导度	胞间 CO_2 浓度	丙二醛含量	CAT 活性	SOD 活性
S_1	产量	1											
	生物量	0.375	1										
	株高	0.21	0.914**	1									
	叶面积指数	0.892**	0.252	0.308	1								
	叶绿素含量	0.760**	0.205	0.269	0.792**	1							
	净光合速率	0.752**	0.306	0.375	0.698**	0.733**	1						
	蒸腾速率	0.820**	0.348	0.419	0.872**	0.683**	0.793**	1					
	气孔导度	0.855**	0.356	0.42	0.656**	0.777**	0.791**	0.693**	1				
	胞间 CO_2 浓度	0.714**	0.103	0.181	0.731**	0.687**	0.7667**	0.766**	0.756**	1			
	丙二醛含量	-0.714**	0.038	-0.045	-0.656**	-0.733**	-0.691**	-0.603**	-0.694**	-0.773**	1		
	CAT 活性	-0.214	0.887**	0.687**	0.189	0.161	0.259	0.316	0.317	0.076	0.04	1	
	SOD 活性	0.526**	0.137	0.206	0.575**	0.676**	0.679**	0.758**	0.764**	0.770**	-0.716**	0.083	1
	POD 活性	-0.326	0.736**	0.789**	0.193	0.151	0.255	0.303	0.308	0.057	0.075	0.795**	0.082
S_2	产量	1											
	生物量	0.791**	1										
	株高	0.682**	0.671**	1									
	叶面积指数	0.479*	0.760**	0.7697**	1								
	叶绿素含量	0.691**	0.685**	0.689**	0.587*	1							
	净光合速率	0.681**	0.654**	0.774**	0.768**	0.790**	1						
	蒸腾速率	0.562*	0.536*	0.668**	0.680**	0.666**	0.626**	1					
	气孔导度	0.767**	0.644**	0.561*	0.774**	0.677**	0.747**	0.791**	1				
	胞间 CO_2 浓度	0.690**	0.794**	0.579*	0.751**	0.784**	0.786**	0.626**	0.645**	1			
	丙二醛含量	-0.727**	-0.667**	-0.706**	-0.581*	-0.728**	-0.637**	-0.530*	-0.648*	-0.757*	1		
	CAT 活性	0.770**	0.772**	0.592*	0.787**	0.686**	0.770**	0.754**	0.751**	0.756**	-0.731*	1	
	SOD 活性	0.377	0.361	0.398	0.258	0.336	0.423	0.453	0.455	0.332	-0.661*	0.443	1
	POD 活性	0.247	0.516*	0.24	0.184	0.373	0.321	0.222	0.236	0.415	-0.523*	0.345	0.635**

注　* 表示 $P < 0.05$，** 表示 $P < 0.01$。

（$P<0.05$），而与 SOD 活性和 POD 活性无显著性差异（$P>0.05$）。玉米各光合指标之间均呈极显著正相关关系（$P<0.01$）；玉米各光合指标与 MDA 含量呈极显著负相关关系（$P<0.01$），与 CAT 活性呈极显著正相关关系（$P<0.01$），而与 SOD 活性和 POD 活性无显著性差异（$P>0.05$）。

4.7　讨　　论

4.7.1　有机无机氮配施对不同程度盐渍化土壤玉米生长指标的影响

玉米外部形态及长势是其受盐分胁迫程度的直观体现。本书所述研究表明，随着土壤盐分的增加，玉米株高、生物量、叶面积指数、叶绿素含量均显著减小，这一方面是因为高土壤盐浓度通过改变渗透势影响作物对水分和养分的吸收，从而抑制作物生长（Munns 等，1984）；另一方面，研究区土壤类型为硫酸盐-氯化物型盐渍土，其中某些特定离子（Na^+、Cl^- 等）的浓度过高会对作物产生毒害作用，渗入细胞会造成原生质凝聚，进而导致作物叶绿素含量减小。

本书所述研究表明，施氮会显著提高玉米生长指标，且在 S_2 土壤条件下提升更为明显，说明施氮能够缓解盐分对作物生长的有害影响。为获得玉米高产，理想的作物生长过程是在产量形成的关键时期具有较大的光合作用面积，而在营养生长阶段相对减小光合面积，以免造成作物徒长。该研究结果显示，随着有机肥施入比例的增加，S_1 土壤条件下玉米株高、生物量均呈逐渐降低的趋势，而配施 50% 以上有机肥可以显著提高玉米叶绿素含量及叶面积指数。相关性分析表明，玉米产量与株高、生物量相关性不显著，与叶绿素含量、叶面积指数则呈极显著正相关关系（$P<0.01$）。说明在盐分较低的情况下，配施有机肥能够避免玉米徒长，使其在籽粒形成的关键时期保持较高的绿叶面积，并提高叶片叶绿素含量，延长灌浆时间，从而利于玉米增产。S_2 土壤条件下玉米各生长指标（株高、生物量、叶绿素、叶面积指数）均随有机肥施入比例的增加而增加，且玉米产量与各生长指标均呈极显著（$P<0.01$）或显著（$P<0.05$）正相关关系，表明高盐度对作物生长抑制作用强烈，因而需要施入较多的有机物质，以缓解高盐碱胁迫所带来的渗透压胁迫，促进作物生长，从而提高玉米产量。

4.7.2　有机无机氮配施对不同程度盐渍化土壤玉米光合特性的影响

光合作用是玉米生长发育与产量形成的基础，而盐渍化土壤中盐分和养分是限制作物光合作用的两大主要因素。本书所述研究发现，S_2 土壤条件下玉米叶片净光合速率、蒸腾速率以及气孔导度较 S_1 土壤显著降低，且与胞间 CO_2 浓度的变化趋势一致，说明盐分胁迫诱导植株光合速率降低的主要原因是气孔因素。相关性分析表明，气孔导度与净光合速率和蒸腾速率存在极显著正相关关系（$P<0.01$），说明气孔导度下降进一步引起玉米净光合速率以及蒸腾速率的显著降低。

轻度盐渍化土壤，玉米胞间 CO_2 浓度随有机氮施用量的增加而先增大后减小，其中以 50% 有机肥处理最优，此时玉米净光合速率也显著高于其他处理，说明适宜的有机无机氮配施在盐分较低的情况下可以显著提高玉米净光合速率，而过多的有机肥施用量可能会减小土壤有效孔隙量，影响植物的代谢活动，反而抑制植物的某些光合特性（Lv 等，

2020)。相关性分析表明，轻度盐渍化土壤玉米光合特性与株高、生物量相关性并不显著，而与叶面积指数、叶绿素含量及产量呈极显著正相关（$P<0.01$），这也进一步证明了在盐分较低的条件下，适宜的有机肥施用量才能使玉米在生殖生长阶段保持较高光合速率的同时具有较大的光合作用面积，从而最大程度地节约资源并提高产量。中度盐渍化土壤则以 100% 有机肥处理玉米胞间 CO_2 浓度最大，这可能是因为高盐分土壤中，需要添加大量有机肥来改善根际微环境，缓解盐碱胁迫对植物细胞造成的损害，提高植物净光合速率，从而促进植物生长。相关性分析结果表明，中度盐渍化土壤玉米光合特性与生长指标和玉米产量呈显著（$P<0.05$）或极显著（$P<0.01$）正相关关系，说明高盐度胁迫下需要施入较多有机肥来促进玉米生长，增大光合面积，最终达到增产的目的。

4.7.3　有机无机氮配施对不同程度盐渍化土壤丙二醛含量和抗氧化酶活性的影响

一般来说，植物体内拥有一套有效抗氧化系统，足以防御由活性氧引起的损伤并维持细胞中氧化还原的动态平衡，从而维持正常的光合及其他代谢功能。而盐分胁迫会导致植物体内渗透压升高，打破植物体内离子平衡，破坏细胞膜的结构和功能，导致体内防御系统不足以抵挡 ROS 的产生，因而引起氧化损伤。MDA 是反映植物遭受逆境的重要应激性指标，其含量的高低可直接反映膜脂过氧化程度。本书所述研究中，轻度盐分胁迫下各处理 MDA 含量显著低于中度盐分，表明中度盐分条件下玉米遭受逆境胁迫更加严重。逆境条件下植物自身会产生相应的应对机制，在植物体内活性氧清除机制中，SOD、POD 和 CAT 是最主要的抗氧化酶，三者通过协同作用将体内的 O_2^- 自由基和 H_2O_2 转化为 H_2O 和 O_2，从而降低 O_2^- 对细胞膜系统的伤害[37]，其活性变化可以反映逆境下植物体内的代谢和抗逆性变化。本书所述研究结果显示，中度盐分条件下玉米的 SOD、POD 和 CAT 活性较轻度盐分土壤有不同程度的提高，说明在盐分胁迫下，玉米作出积极反应，通过提高抗氧化酶活性，缓解盐分胁迫对植物造成的影响，这与 Zhang 等（2021）的研究结果一致。

本书所述研究发现，轻度盐渍化土壤添加有机肥后，玉米的 SOD 活性显著提高，而 SOD 活性增强必然导致过氧化物 H_2O_2 大量生成，但本书所述研究中用于消除 H_2O_2 的 CAT 活性和 POD 活性随有机肥施入量的增加基本呈降低趋势，而玉米的光合能力优于单施无机氮处理，这可能是因为在盐分较低时，有害自由基毒害对玉米的影响强于过氧化物 H_2O_2，施入有机肥可以提升其 SOD 活性，有利于多余自由基的消除。在中度盐渍化土壤条件下，添加有机肥对多余自由基的 SOD 活性无显著变化，但 CAT 活性显著提高，POD 活性则有所下降，这可能是因为在盐分胁迫下，过氧化物 H_2O_2 对玉米毒害作用较大，CAT 和 POD 具有互补的作用，玉米清除 H_2O_2 是以 CAT 的分解作用为主，且植物的生长状况也随着有机肥施入量的增加而显著改善。综上所述，轻度盐渍化土壤盐分对玉米影响较小，有机无机氮配施可以避免玉米徒长，并促进抗氧化酶系统作出积极响应，提升其有效光合性能，最终提高玉米产量，其中 50% 的有机氮施入量效果最好。中度盐渍化土壤玉米对盐分胁迫较为敏感，对玉米抗氧化系统产生影响，并抑制其生长及光合作用，而添加有机肥可提高玉米抗胁迫能力，促进抗氧化酶系统作出积极响应，结合玉米生长指标及光合性能均有所提升，100% 有机氮处理可以获得最高产量。

4.8　本　章　小　结

（1）通过研究连续 3 年有机无机氮配施对轻度、中度盐渍化土壤玉米光合及抗氧化系统的影响发现，中度盐分条件下玉米生长指标、光合特性较轻度盐分条件下显著降低，而丙二醛含量及抗氧化酶活性显著提高。

（2）轻度盐渍化土壤盐分对玉米的影响较小，有机无机氮配施可避免玉米徒长，而提高有效光合面积及光合特性，增强 SOD 活性，以有机氮替代 50% 无机氮较优，玉米产量较单施无机氮处理显著高出 17.91%（$P < 0.05$）。

（3）中度盐分胁迫条件下，配施有机肥可有效提高玉米的抗胁迫能力，缓解盐分胁迫对其生长的抑制作用，随着有机肥施入比例的增加，玉米生长指标、光合特性及 CAT 活性基本呈逐渐增加的趋势，O_1 处理玉米产量较 U_1 处理提高 24.85%。

（4）相关性分析表明，轻度盐渍化土壤玉米产量与各光合特性指标及 SOD 活性呈极显著正相关关系（$P < 0.01$），而中度盐渍化土壤玉米产量与各光合特性指标及 CAT 活性呈极显著正相关关系。

第5章 有机无机氮配施对不同程度盐渍化土壤玉米产量及水氮利用效率的影响

通过第3章，我们得知在中度盐分条件下，进行合理的有机无机氮配施可以产生良好的氮素矿化过程，而有机氮在高盐分水平（1.55dS/m以上）条件下氮素矿化缓慢且有效性较低，此外玉米的耐盐程度为中等（FAO，2015）。因此，本书选取轻度、中度两种盐渍化玉米农田进行有机无机氮配施试验。

玉米是全球，也是中国种植最广泛的作物，玉米的高产稳产对粮食安全至关重要。统计数据表明，中国玉米总种植面积达到3500万hm²，产量达到2.16亿t（FAO，2015）。玉米也是内蒙古河套灌区主要的粮食种植作物之一，而土壤盐分和养分匮乏是干旱地区作物生产力下降的主要原因（Ashraf等，1993）。在盐胁迫下，作物对水分、养分吸收及其生理生化反应均产生较大变化（Rodriguez等，2011）。Adams等（1991）研究发现，盐分胁迫会造成作物养分缺失。Pessarakli等（1988）研究表明，盐分的增加会导致作物养分吸收利用效率降低。Munns等（1984）研究指出，盐分过高会抑制作物根系吸水能力。Zeng等（2015）研究得出，作物的水肥利用效率在不同程度盐分胁迫下有所差异。这说明在盐渍化农田中，盐分是影响作物水氮有效利用的重要因素（Irshad等，2005）。研究表明，增施肥料有助于根系吸水能力的增强，但过量施肥会导致作物水分利用效率下降（Munns等，1984）。同时，施肥对土壤含盐量也会造成一定的影响。Ulery等（2003）研究发现，过量施用氮肥可能会加重土壤盐分，从而对作物生长产生抑制作用。Ravikovitch等（1971）研究表明，施用氮肥可使土壤达到中等盐度水平。Chen等（2010）研究得知，不同土壤盐度与施氮量之间存在着不同的交互作用。可见，为减少土壤盐害，在盐渍化土壤上施用氮肥应当更为慎重。此外，在盐渍化土壤施用氮肥所造成的环境污染也较为严重，周慧等（2020）研究表明，随着土壤盐分的增加，土壤氨挥发总量也增大。也有学者提出，盐分过高会限制作物对氮素的吸收利用，因而增加氮素淋失的风险（Katerji等，2012）。河套灌区同时存在盐渍化程度差异较大且施肥不合理的问题，因此，针对灌区不同程度盐渍化土壤对氮肥施用进行调控尤为重要。

大量研究表明，有机肥在盐渍化土壤中的应用被认为是修复土壤的重要手段，研究表明，施入有机肥有利于减缓土壤盐碱化速率，有机肥最佳施入量与土壤盐分状况密切相关。Liang等（2005）研究发现，施用有机肥可提高土壤微生物和酶活性，从而提高植物对盐胁迫的适应能力。此外，有机肥对于提高作物水氮利用效率也具有重要意义。苏秦等（2009）研究表明，有机肥可以改善土壤水分状况，提高土壤水分利用效率。徐明岗等（2008）研究发现，有机肥替代化肥可以提高作氮素累积量，减少环境污染。当前，关于有机肥替代化肥的比例对盐渍化土壤供氮特性及水氮利用效率影响的研究鲜见报道，不同盐分条件下有机肥最佳返田的比例需要进一步探明。因此，本书所述研究在 2018—2020 年连续 3 年开展了田间定位试验，探讨不同有机无机氮配施比例对河套灌区轻度、中度盐渍化土壤玉米产量及水氮吸收利用的影响及其作用机制。

5.1 测定指标及方法

（1）土壤含水率。采用烘干法测定土壤含水率，取样深度为 1m，分别为 0～20cm、20～40cm、40～60cm、60～80cm、80～100cm 深度。其中 0～20cm 深度土壤每隔 1 周左右测 1 次，其余土层在玉米播前、收获后以及关键生育期测定。

（2）土壤电导率。每 14d 左右测 1 次，播前、收获后、灌水前后第 3d、降雨前后、生育阶段转变期加测，取土层次及深度分别为 0～10cm、10～20cm、20～40cm、40～60cm、60～80cm、80～100cm 深度，3 次重复。

（3）水分利用效率计算方法为

$$WUE = \frac{Y}{10ET} \tag{5.1}$$

式中：WUE 为水分利用效率，kg/m^3；Y 为玉米产量，kg/hm^2；ET 为作物耗水量，mm。

ET 计算方法为

$$ET = \Delta W + P + I + W_g \tag{5.2}$$

式中：ΔW 为作物种植和收获后土壤贮水量变化，mm；P 为降雨量，mm；I 为灌水量，mm；W_g 为地下水补给量，mm。

（4）氮素利用效率计算方法为

$$NHI = 100G_N/P_N \tag{5.3}$$
$$RE_N = 100(N - N_0)/F \tag{5.4}$$
$$PFP_N = Y/F \tag{5.5}$$
$$AE_N = (Y - Y_0)/F \tag{5.6}$$

式中：NHI 为氮收获指数，%；G_N 为籽粒吸氮量，kg/hm^2；P_N 为植株吸氮量，kg/hm^2；PFP_N 为氮肥偏生产力，kg/kg；AE_N 为氮肥农学效率，kg/kg；RE_N 为氮肥当季回收率，%；Y 为施氮处理玉米籽粒产量，kg/hm^2；Y_0 为 CK 处理玉米籽粒产量，kg/hm^2；N 为施氮处理地上部总吸氮量，kg/hm^2；N_0 为 CK 处理地上部总吸氮量，kg/hm^2；F 为施氮量，kg/hm^2。

5.2 有机无机氮配施对玉米产量及水分利用效率的影响

5.2.1 土壤贮水量

有机无机氮配施对不同程度盐渍化土壤，特别是 0～40cm、40～100cm 深度土壤贮水量影响如图 5.1 所示（3 年均值）。0～40cm 土层为土壤水分活跃层及玉米根系的主要分布区域，从图 5.1 (a) 和图 5.1 (b) 可以看出，S_1、S_2 土壤不同施肥处理，$0 \sim 40cm$ 深度时，生育期土壤贮水量分别波动于 $82.0 \sim 144.9mm$ 和 $98.3 \sim 143.5mm$，表现出强烈的时间变异性。整体来看，玉米增施有机肥对于保持土壤耕层的含水率具有明显作用，S_1、S_2 土壤，在玉米整个生育期内均以 O_1 处理土壤贮水量最大，这主要是因为有机肥的施入改善了土壤结构，增强了土壤的持水性能。轻度盐渍化土壤，在玉米苗期和拔节期，O_1 处理分别较单施化肥高出 9.0% 和 6.49%，而在抽雄期和灌浆期，较单施尿素分别高 3.87% 和 3.82%；中度盐渍化土壤，在玉米苗期、拔节期、抽雄期、灌浆期，O_1 处理分别较单施化肥高出 14.6%、7.1%、6.1% 和 8.3%。增施有机肥产生的保水作用在玉米生长前期表现得更加明显，而在生长后期差异减小，这可能是因为在玉米生长前期植株对水分需求较小，施入有机肥能更好地抑制水分损失，而在作物生育后期，配施有机肥处理玉米生长情况更好，因此增强了对水分的吸收利用，缩小了与其他处理之间贮水量的差异。

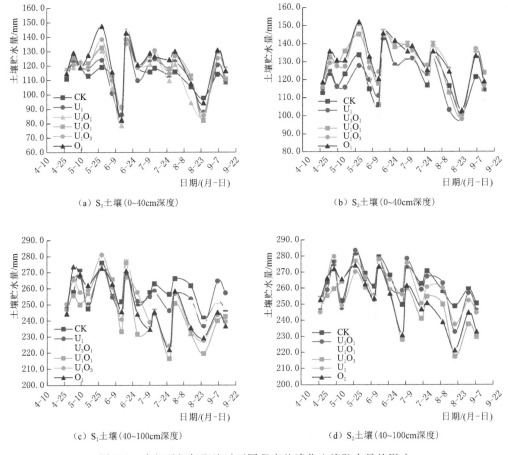

(a) S_1 土壤 (0~40cm 深度)　　(b) S_2 土壤 (0~40cm 深度)

(c) S_1 土壤 (40~100cm 深度)　　(d) S_2 土壤 (40~100cm 深度)

图 5.1　有机无机氮配施对不同程度盐渍化土壤贮水量的影响

分析 S_1 土壤 $40 \sim 100cm$ 深度 [图 5.1 (c)] 土壤贮水量得知，在春玉米生长苗期及拔节期，各处理之间 $40 \sim 100cm$ 深度土壤贮水量变化无明显差异，抽雄期至灌浆期，U_1O_1 处理土壤贮水量最小，但与 U_1O_3、O_1 处理之间无显著差异，较单施尿素处理降低

8.91％；灌浆前中期，U_1O_1 处理土壤贮水量最小，较 U_1 处理降低 6.44％。由中度盐渍化土壤 40～100cm 深度［图 5.1（d）］土壤贮水量变化可知，在春玉米苗期，各处理之间 40～100cm 深度土壤贮水量变化无明显差异，从玉米拔节期开始，配施 50％以上有机肥处理耗水量开始增大，进入玉米抽雄期，U_1O_3 处理土壤贮水量最小，但与 U_1O_1、O_1 处理之间无显著差异，较单施尿素处理降低 7.29％；灌浆前中期，O_1 处理土壤贮水量最小，较单施化肥降低 6.61％。可以看出，S_1、S_2 土壤配施有机氮均会降低生育后期深层土壤贮水量，这可能是由于生育后期玉米叶面积指数逐渐增大，农田水分蒸散由棵间土壤蒸发为主转为作物蒸腾为主，不同有机肥处理在良好的水肥环境下作物生长旺盛，对土壤水分消耗增大。

总体来说，S_1、S_2 土壤全生育期内 0～40cm 深度土壤贮水量均表现为随着有机肥施入比例的增大而增大，40～100cm 深度土壤贮水量表现为在玉米生长前期各施肥处理之间无显著差异，而在抽雄期及灌浆期均表现为配施 50％以上有机肥处理对深层土壤水分的消耗较大，且呈现出显著性差异。其原因可能是该试验施肥深度约为 20cm，施入有机肥可以改善土壤耕层环境，降低土壤容重且提高土壤孔隙度，从而提高 0～40cm 深度土壤贮水量。此外，地表覆盖可以显著降低土壤水分散失，该试验下有机肥均作为基肥一次性施入，增大了地表覆盖面积，这可能也提高了土壤蓄水保墒的能力。深层土壤贮水量在玉米生长后期各处理之间差异性较大，可能是因为在生长后期，持续的干旱促进了玉米对深层土壤水分的利用，有机肥处理促进了作物根系的生长，提高了作物根冠比，增加了对深层水分的吸收量。

5.2.2 土壤盐分含量变化

土壤中的盐分会受土壤水分运动的影响而迁移，体现出"盐随水动"的特点，从图 5.2 可以看出，在春玉米整个生育期内，轻度、中度盐渍化土壤不同处理 1m 深度土体内土壤盐分受灌水施肥影响出现明显波动。

轻度、中度盐渍化土壤不同有机无机肥料配施处理 0～40cm 深度土层电导率变化过程如图 5.2（a）和图 5.2（b）所示。拔节期灌溉追肥后，轻度、中度盐渍化土壤电导率均随着有机肥施入比列的增大呈现出先降后升的趋势，CK 处理土壤电导率最低。轻度盐渍化土壤以单施尿素土壤电导率最大，较其余处理高出 6.34％～46.72％；中度盐渍化土壤以单施有机肥土壤电导率最大，较其余处理高出 3.89％～46.69％。抽雄期灌水后，轻度、中度盐渍化土壤电导率均以 U_1O_1 处理最低，分别为 0.560dS/m 和 0.953dS/m。

图 5.2（c）和图 5.2（d）分别为轻度、中度盐渍化土壤生育期 40～100cm 深度土壤电导率均值，分析可知，各施肥处理电导率均值均高于 CK 处理，在玉米拔节期灌水后，轻度盐渍化土壤各处理之间无显著差异，中度盐渍化土壤以 U_1O_1 处理最低，为 0.792dS/m，较单施尿素降低 6.32％；大喇叭口期灌水后，轻度盐渍化土壤以 U_1O_1 和 U_1O_3 处理土壤电导率最小，显著低于其余施肥处理，中度盐渍化土壤与轻度盐渍化土壤表现一致，以有机无机肥料各半配施处理最低。在玉米收获后，轻度盐渍化土壤以 U_1O_1 处理土壤电导率最小，较单施尿素降低 21.43％；中度盐渍化土壤 U_1O_1 处理土壤电导率显著低于其余各处理，较纯无机肥处理降低 14.01％。

本书所述研究表明，土壤电导率随着有机肥施用量的增加呈现出先降后升的趋势，这

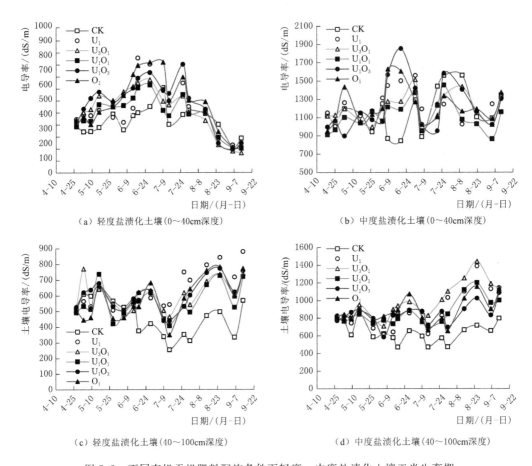

图 5.2 不同有机无机肥料配施条件下轻度、中度盐渍化土壤玉米生育期
0~40cm、40~100cm 深度土层电导率变化规律

可能是因为适当地增加有机肥配施比例改善了土壤理化性状，毛管作用降低，溶于水中的盐分也不易随水蒸发至耕层土壤，同时，有机肥中含有大量疏松有机物质，能够降低土壤紧实度，改善土壤结构。但有机肥施用量过多，其中许多作物利用少的钙、钠、镁、氯等离子将会在土壤中累积，导致土壤盐分增加。因此，不论是无机肥还是有机肥，施入量过多均会导致土壤盐分增加。

5.2.3 产量及水分利用效率

2018—2020 年，轻度、中度盐渍化土壤有机无机肥料配施对玉米产量及水分利用效率的影响见表 5.1~表 5.3。可以看出，3 年试验结果均表现为随着土壤盐渍化程度的增大而玉米产量降低的趋势。S_1 土壤条件下 CK、U_1、U_3O_1、U_1O_1、U_1O_3、O_1 处理玉米产量 3 年均值较 S_2 土壤条件下分别高出 38.35%、53.48%、55.03%、57.47%、36.97%、29.47%。在不同土壤条件下，产量与有机无机肥料配施比例的关系表现不一，在 S_1 土壤条件下，随着有机肥施入比例的增加，玉米产量整体表现出先升后降的趋势；在 S_2 土壤条件下，则表现为有机肥施入比例增大而玉米产量逐渐增加的态势。从 3 年均值来看，S_1 土壤 U_1O_1 处理产量较其他施肥处理高出 $7.61\% \sim 19.89\%$；S_2 土壤 O_1 处理产量较其他施肥处理高出 $3.57\% \sim 27.34\%$。2018 年，U_1O_1 处理产量最大，较其余施肥处理显著（除了与 U_1O_3 不显著外）高出 $5.31\% \sim 14.13\%$（$P < 0.05$）；S_2 土壤 O_1 处理玉米产量较其余施肥处理显著（除了与 U_1O_3 不显著外）高出 $0.27\% \sim 30.48\%$。与 2018 年规律相似，2019、2020 年 S_1 土壤 U_1O_1 处理产量较其余施肥处理分别显著高出 $7.34\% \sim 19.78\%$（除了与 U_1O_3 不显著外）、$10.23\% \sim 26.26\%$；2019、2020 年 S_2 土壤 O_1 处理产量较其余施肥处理分别高出 $3.25\% \sim 17.57\%$（除了与 U_1O_3 不显著外）、$2.67\% \sim 33.29\%$（除了与 U_1O_3 不显著外）。

从表 5.1～表 5.3 可知，轻度盐分土壤耗水量要高于中度盐分土壤，同一盐分条件下，各处理土壤耗水量差异并不明显，增施有机肥耗水量较单施化肥处理略有增加。盐渍化程度及有机无机肥料配施比例对玉米 WUE 影响较大，随着土壤盐分的增加，WUE 显著降低。S_1 土壤条件下 CK、U_1、U_3O_1、U_1O_1、U_1O_3、O_1 处理 WUE 3 年均值较 S_2 土壤条件下分别高出 31.02%、44.88%、45.84%、47.55%、29.47%、23.95%。2018 年，作物 WUE 范围为 $1.59 \sim 2.9 kg/m^3$。在 S_1 土壤条件下，以 U_1O_1 处理 WUE 最高，较其余处理显著高出 $4.99\% \sim 11.73\%$（除了与 U_1O_3、O_1 不显著外）；在 S_2 土壤条件下，U_1O_1、U_1O_3、O_1 处理之间无显著性差异，较其余处理显著提高。2019 年作物 WUE 范围为 $1.48 \sim 3.0 kg/m^3$，S_1 土壤 U_1O_1 处理 WUE 较其余施肥处理显著高出 $7.04\% \sim 17.20\%$（除了与 U_1O_3、O_1 不显著外）；S_2 土壤 O_1 处理 WUE 较其余施肥处理显著高出 $2.73\% \sim 14.80\%$（除了与 U_1O_1、U_1O_3 不显著外）。与 2018 年和 2019 年规律相似，2020 年 S_1、S_2 土壤作物 WUE 也分别以 U_1O_1 和 O_1 处理最大，较其余施肥处理分别显著高出 $10.06\% \sim 23.86\%$、$2.49\% \sim 31.14\%$（除了与 U_1O_3 不显著外）。

表 5.1　2018 年不同处理产量及水分利用效率

盐渍化程度	处理	ET/mm	产量/(kg/hm²)	WUE/(kg/m³)
轻度 （S_1 土壤）	CK	397.57	7857.71d	1.98c
	U_1	404.31	10638.92c	2.63b
	U_3O_1	407.16	10780.75c	2.65b
	U_1O_1	412.58	12141.97a	2.94a
	U_1O_3	411.69	11528.93ab	2.80ab
	O_1	408.11	11237.14bc	2.75ab
中度 （S_2 土壤）	CK	376.33	5975.44d	1.59b
	U_1	381.62	6577.53c	1.72b
	U_3O_1	382.74	6740.03c	1.76b
	U_1O_1	386.29	7889.14b	2.04a
	U_1O_3	388.56	8559.51a	2.20a
	O_1	389.99	8582.22a	2.20ab

注　不同小写字母表示在 $P < 0.05$ 水平上差异显著，下同。

表 5.2 2019 年不同处理产量及水分利用效率

盐渍化程度	处理	ET/mm	产量/(kg/hm²)	WUE/(kg/m³)
轻度 (S₁ 土壤)	CK	380.17	7789.34d	2.05c
	U₁	386.91	9937.23c	2.57b
	U₃O₁	389.76	10652.57bc	2.73b
	U₁O₁	395.18	11902.91a	3.01a
	U₁O₃	394.29	11088.12ab	2.81ab
	O₁	390.71	10791.37bc	2.76b
中度 (S₂ 土壤)	CK	358.93	5319.83d	1.48c
	U₁	364.22	6472.33c	1.78b
	U₃O₁	365.34	6623.51bc	1.81b
	U₁O₁	368.89	7126.26ab	1.93ab
	U₁O₃	371.16	7370.49a	1.99a
	O₁	372.59	7609.67a	2.04a

表 5.3 2020 年不同处理产量及水分利用效率

盐渍化程度	处理	ET/mm	产量/(kg/hm²)	WUE/(kg/m³)
轻度 (S₁ 土壤)	CK	408.37	7497.03d	1.84d
	U₁	415.11	9786.32c	2.36c
	U₃O₁	417.96	10200.5c	2.44bc
	U₁O₁	423.38	12356.55a	2.92a
	U₁O₃	422.49	11209.12b	2.65b
	O₁	418.91	10588.23bc	2.53bc
中度 (S₂ 土壤)	CK	387.13	5433.75d	1.40d
	U₁	392.42	6732.6c	1.72c
	U₃O₁	393.54	7040.87c	1.79c
	U₁O₁	397.09	8100.68b	2.04b
	U₁O₃	399.36	8766.94ab	2.20ab
	O₁	400.79	9000.87a	2.25a

5.3 有机无机氮配施对氮素利用效率的影响

5.3.1 土壤矿质氮含量

由图 5.3~图 5.5 可知，有机无机肥料配施对不同程度盐渍化土壤矿质氮释放规律影响各异。在 0~100cm 深度土层范围内，同一处理玉米各生育期 S₁ 土壤矿质氮含量明显高于 S₂ 土壤；随着生育期的推进，土壤矿质氮含量整体表现出逐渐降低的趋势。

有机无机肥料配施对 2018—2020 年 S₁ 土壤玉米生育期土壤矿质氮变化规律影响基

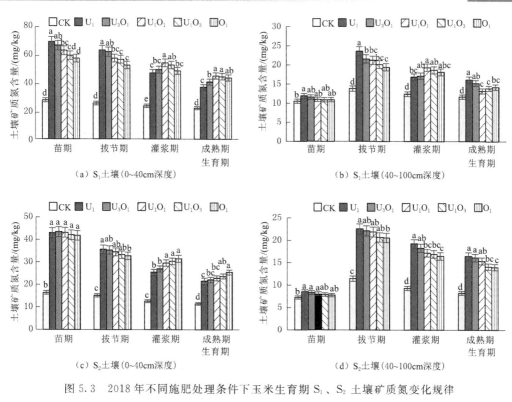

图 5.3　2018 年不同施肥处理条件下玉米生育期 S_1、S_2 土壤矿质氮变化规律

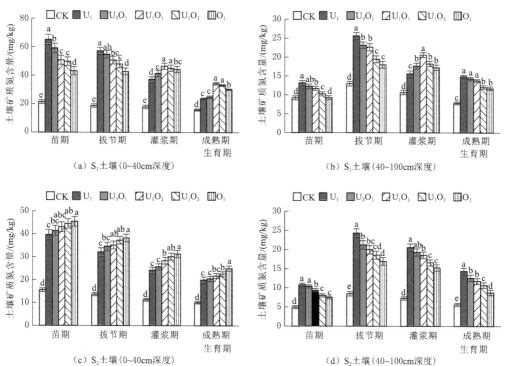

图 5.4　2019 年不同施肥处理条件下玉米生育期 S_1、S_2 土壤矿质氮变化规律

[不同小写字母表示不同处理之间差异显著（$P<0.05$），下同]

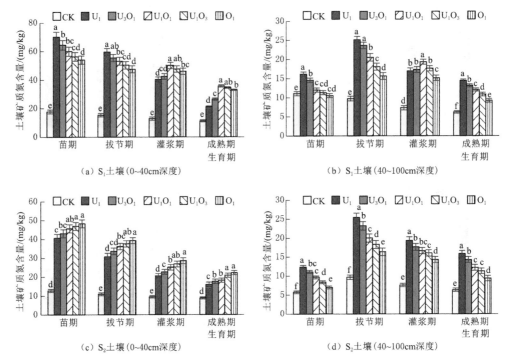

图 5.5　2020 年不同施肥处理条件下玉米生育期 S_1、S_2 土壤矿质氮变化规律

本一致，玉米苗期及拔节期，耕层土壤表现出施入无机肥比例越大土壤矿质氮含量越高的规律，表明此时配施化肥比例较大的处理，其速效转化作用较大，而有机肥矿化速率较为缓慢；在玉米生长中后期，配施 50% 以上有机肥的处理供氮能力较强。其中以 U_1O_1 处理土壤矿质氮含量最大，在玉米灌浆期，U_1O_1 与 U_1O_3 处理土壤矿质氮含量差异不显著，但显著高于其余处理（$P < 0.05$）；在玉米成熟期，U_1O_1 与 U_1O_3、O_1 处理土壤矿质氮含量均不显著，均显著高于其他处理（$P < 0.05$）。

　　分析 S_1 土壤 40~100cm 深度土层土壤矿质氮含量发现，苗期各处理土壤矿质氮含量无显著性差异。进入拔节期，各处理深层土壤矿质氮含量表现出与耕层土壤相似的趋势，表明此时在灌溉作用下土壤矿质氮向深层土壤淋洗，且无机肥施入比例较大的处理矿质氮运移量较大，而在灌浆期呈现出相反的趋势，配施有机肥较多的处理持续供氮能力更强。在作物生育末期，配施有机肥的处理土壤矿质氮含量较低，表明后期有机无机肥料各半配施对深层土壤矿质氮含量吸收利用较大。

　　分析 2018 年 S_2 土壤 0~40cm 深度土层作物生育期土壤矿质氮含量变化可知，在作物生育前期，各施肥处理的土壤矿质氮含量差异不明显。而在玉米生长中后期，表现出有机肥施入比例越大土壤矿质氮含量越大的趋势，灌浆及成熟期 O_1 处理土壤矿质氮含量分别较其余施肥处理显著（除了与 U_1O_3、U_1O_1 处理不显著）高出 3.95%~23.97%、7.49%~17.88%（$P < 0.05$）。2019 年和 2020 年 0~40cm 深度土层作物生育期土壤矿质氮含量变化基本一致，即在作物整个生育期均呈现出有机肥施入比例越大土壤矿质氮含量越大的趋势，说明对于中度盐渍化土壤来说，随着培肥时间的延长，施入有机肥更加有利

于耕层土壤保肥以及氮素有效性的提高。

由图 5.3（b）可知，2018 年 40～100cm 深度土层在苗期及拔节期各施肥处理土壤矿质氮含量无显著性差异。而在玉米生长中后期，表现出有机肥施入比例越大土壤矿质氮含量越小的趋势，说明施入有机肥比例越大的处理作物后期对土壤矿质氮含量吸收利用量越大。从 2019 年和 2020 年深层土壤矿质氮变化来看，在作物整个生育期均表现出有机肥施入比例越大土壤矿质氮含量越小的趋势，表明施入有机肥会抑制氮素向深层土壤淋失。

5.3.2 氮素利用效率

由表 5.4～表 5.6 可以看出，各处理植株氮素吸收量随着盐度的升高显著降低，2018—2020 年 S_1 土壤 CK、U_1、U_3O_1、U_1O_1、U_1O_3、O_1 处理植株氮素吸收总量较 S_2 土壤分别高出 40.21%～46.82%、34.82%～46.57%、42.93%～47.48%、44.59%～53.90%、21.76%～32.77%、13.68%～17.05%。同一盐分条件下植株氮素吸收量因有机无机氮配施比例不同而存在差异，S_1 土壤条件下，植株吸氮量随着有机氮施入比例的增大呈先升后降的趋势，当有机氮施入比例小于 50% 时，植株吸氮量随着有机氮的增加而增大，当超过这一水平时逐渐下降，以 U_1O_1 处理植株吸氮量最大，较其余施氮处理分别显著（除与 U_1O_3 处理不显著外）高出 6.11%～24.40%、7.31%～26.19%、5.72%～23.83%（$P<0.05$）；S_2 土壤条件下，植株吸氮量表现出随着有机氮施入比例的增大而增加的趋势，以 O_1 处理植株氮素吸收量最大，较其余施氮处理分别显著（除与 U_1O_3 处理不显著外）高出 2.19%～32.65%、8.43%～37.30%、7.46%～38.95（$P<0.05$）。

表 5.4　2018 年不同处理氮素利用效率

盐渍化程度	处理	植株吸氮量/(kg/hm²)	氮收获指数/%	氮肥当季回收率/%	氮肥偏生产力/(kg/kg)	氮肥农学效率/(kg/kg)
轻度（S_1 土壤）	CK	114.66d	47.62b	—	—	—
	U_1	174.04c	48.81b	24.74d	44.33b	11.59c
	U_3O_1	188.24bc	50.49b	30.66c	44.92b	12.18c
	U_1O_1	216.51a	54.96a	42.44a	50.59a	17.85a
	U_1O_3	204.04ab	54.54a	37.24b	48.04ab	15.30b
	O_1	194.66b	53.30a	33.33c	46.82ab	14.08b
中度（S_2 土壤）	CK	81.78d	38.18c	—	—	—
	U_1	129.09c	37.62c	19.71c	27.41c	2.51c
	U_3O_1	131.70c	43.78b	20.80c	28.08c	3.19c
	U_1O_1	149.74b	46.12ab	28.32b	32.87b	7.97b
	U_1O_3	167.58a	48.49a	35.75a	35.66ab	10.77a
	O_1	171.24a	46.27ab	37.27a	35.76a	10.86a

注　不同小写字母表示在 $P<0.05$ 水平上差异显著，下同。

表 5.5　　　　　　　　　　　2019 年不同处理氮素利用效率

盐渍化程度	处理	植株吸氮量/(kg/hm²)	氮收获指数/%	氮肥当季回收率/%	氮肥偏生产力/(kg/kg)	氮肥农学效率/(kg/kg)
轻度（S₁ 土壤）	CK	109.63d	47.69c	—	—	—
	U₁	166.57c	54.45ab	23.73d	41.41c	8.95d
	U₃O₁	182.57b	53.27b	30.39c	44.39bc	11.93c
	U₁O₁	210.20a	57.26ab	41.90a	49.60a	17.14a
	U₁O₃	195.87ab	58.85a	35.93b	46.20ab	13.74b
	O₁	190.28b	56.42ab	33.60b	44.96bc	12.51c
中度（S₂ 土壤）	CK	74.67e	29.90c	—	—	—
	U₁	119.87d	36.43b	18.83d	26.97b	4.80d
	U₃O₁	125.54cd	43.92a	21.20c	27.60b	5.43d
	U₁O₁	136.58c	44.14a	25.80c	29.69ab	7.53c
	U₁O₃	151.78b	42.38a	32.13b	30.71a	8.54b
	O₁	164.58a	45.99a	37.46a	31.71a	9.54a

表 5.6　　　　　　　　　　　2020 年不同处理氮素利用效率

盐渍化程度	处理	植株吸氮量/(kg/hm²)	氮收获指数/%	氮肥当季回收率/%	氮肥偏生产力/(kg/kg)	氮肥农学效率/(kg/kg)
轻度（S₁ 土壤）	CK	110.10d	49.03b	—	—	—
	U₁	180.65c	52.96ab	29.40d	40.78c	9.54e
	U₃O₁	194.65bc	56.43a	35.23c	42.50bc	11.26d
	U₁O₁	223.69a	58.06a	47.33a	51.49a	20.25a
	U₁O₃	211.58ab	55.13a	42.28b	46.70b	15.47b
	O₁	200.44b	54.99a	37.64c	44.12bc	12.88c
中度（S₂ 土壤）	CK	76.59e	41.05b	—	—	—
	U₁	123.25d	38.14b	19.44e	28.05c	5.41d
	U₃O₁	131.98d	45.65a	23.08d	29.34c	6.70c
	U₁O₁	145.68c	47.21a	28.79c	33.75b	11.11b
	U₁O₃	159.36b	45.41a	34.49b	36.53ab	13.89a
	O₁	171.25a	47.26a	39.44a	37.50a	14.86a

盐分对玉米氮收获指数（NHI）影响较大，2018—2020 年 S_1 土壤 CK、U_1、U_3O_1、U_1O_1、U_1O_3、O_1 处理的 NHI 较 S_2 土壤分别高出 24.74%～59.46%、29.76%～49.47%、15.33%～21.28%、19.17%～29.75%、12.47%～38.84%、15.20%～22.67%，即 NHI 随着盐分含量的增加而降低。增施有机氮可以提高玉米氮收获指数，两种土壤条件下 NHI 均表现为 U_1O_1、U_1O_3、O_1 处理无显著差异，但显著高于单施化氮处理，配施 50% 以上有机氮可以较大程度地提高轻度、中度盐渍土氮素收获指数。

选取氮肥当季回收率（RE_N）、氮肥偏生产力（PFP_N）及氮肥农学效率（AE_N）3个常用指标来表征农田肥料利用效率。就 RE_N 来看，当有机氮施入比例小于50%时，S_1 盐分条件下 RE_N 显著高于 S_2 土壤条件下，当有机氮施入比例超过50%时，S_1 土壤条件下 RE_N 呈降低趋势，而 S_2 土壤条件下 RE_N 继续增大，S_1 土壤、S_2 土壤分别以 U_1O_1 及 O_1 处理 RE_N 最大，分别较单施无机氮提高71.54%～76.57%、89.09%～98.94%。从表5.4～表5.6可以看出，盐分水平及施氮处理均对 PFP_N 有明显影响，盐分增加，PFP_N 下降，S_1 土壤条件下 U_1、U_3O_1、U_1O_1、U_1O_3、O_1 处理 PFP_N 较 S_2 土壤条件下分别高出45.35%～61.75%、44.88%～59.95%、53.91%～67.02%、34.69%～50.43%、30.94%～41.81%，呈现出随着有机氮施入比例的增大两种土壤条件下 PFP_N 差异逐渐减小的趋势。在相同盐渍化程度下，S_1 土壤条件下表现为以 U_1O_1 处理 PFP_N 最大，S_2 土壤条件下以 O_1 处理最大。不同土壤条件下各施氮处理之间 AE_N 差异与 PFP_N 差异基本一致。综合各相关指标来看，S_1、S_2 土壤条件下分别以 U_1O_1 及 O_1 处理氮素利用效率较高。

5.4　有机无机氮配施对玉米经济效益的影响

表5.7为有机无机氮配施对不同程度盐渍土玉米生产成本和经济效益的影响，可以看出，施入有机氮能显著增加玉米产量收入（3年均值），S_1 土壤以有机无机氮各半配施处理玉米产量收入（24283.94元/hm²）最大，与 U_1O_3 处理（23057.86元/hm²）之间无显著性差异，但显著高于其余各处理（$P < 0.05$）；S_2 土壤表现为有机氮施入比例越大玉米产量收入越高的趋势，单施有机氮处理产量收入达到17164.44元/hm²，较其余施氮处理显著高出（除了与 U_1O_3 处理不显著）0.27%～30.48%。

表5.7　　　　　　　　　　不同处理玉米生产成本和经济效益

盐渍化程度	处理	肥料投入/(元/hm²)	其他投入/(元/hm²)	总投入/(元/hm²)	产量收入/(元/hm²)	纯收益/(元/hm²)
轻度（S_1 土壤）	CK	0	2400	2400	15715.42d	13315.42c
	U_1	940	2400	3340	21277.84c	17937.84b
	U_3O_1	1304	2400	3704	21561.50c	17857.5b
	U_1O_1	1670	2400	4070	24283.94a	20213.94a
	U_1O_3	2035	2400	4435	23057.86ab	18622.86b
	O_1	2400	2400	4800	22474.28bc	17674.28b
中度（S_2 土壤）	CK	0	2400	2400	11950.88d	9550.88b
	U_1	940	2400	3340	13155.06c	9815.06b
	U_3O_1	1304	2400	3704	13480.07c	9776.07b
	U_1O_1	1670	2400	4070	15778.28b	11708.28ab
	U_1O_3	2035	2400	4435	17119.02a	12684.02a
	O_1	2400	2400	4800	17164.44a	12364.44a

注　其他投入包括播种、翻耕地、灌溉和种子投入。不同小写字母表示在 $P < 0.05$ 水平上差异显著。

分析不同程度盐渍化土壤玉米纯收益可以得知，S_1 土壤表现出为 U_1O_1 处理玉米经济效益最高，达到 20213.94 元/hm^2，而其余各施氮处理之间玉米纯收益无显著性差异，有机无机氮各半配施处理玉米纯收益较其余施肥处理显著高出 8.54%～14.37%（$P<$ 0.05）；S_2 土壤以 U_1O_3 处理玉米纯收益最大，为 12684.02 元/hm^2，与 U_1O_1 及 O_1 处理之间无显著性差异，但均显著高于其他施肥处理纯收益（$P<0.05$）。

5.5 讨 论

盐渍化土壤中盐分和养分是限制作物产量的两大主要因素，两者之间的交互关系与盐渍化程度密切相关。因此，不同程度盐渍化土壤通过合理的施肥模式来调控作物生育期氮素状况是提高作物产量的重要途径。

本书所述研究发现，对轻度、中度盐渍化土壤施肥均会导致土壤盐分增加，这与前人研究得出的结论一致，原因是肥料在分解的过程中会伴随着可溶解盐并在土壤中积累。Wu 等（2018）在棉花栽培的 1 年试验中发现，与单施无机肥相比，配施有机肥可有效降低表层土壤电导率，这与本书所述研究得到的轻度盐渍土耕层土壤电导率与有机无机配施比例关系的结果相似，即耕层土壤电导率在玉米生育前期以有机无机肥料各半配施土壤电导率最低，配施适量有机肥对于降低耕层土壤盐分效果明显。这是因为在作物生长前期，无机肥分解速率相较于有机肥更快，所释放的养分不能全部被作物吸收而残留在土壤中较多，从而使施入化肥比例较大的处理土壤盐分增加的幅度更大，且大量施入有机肥会带入许多作物所不能吸收利用的钙、钠、镁、氯等离子，它们同样会使土壤盐分增加（Gandhi 等，1976）。在生长后期表现出有机肥施入比例越大土壤盐分越小的趋势，该规律的成因是此时作物对土壤养分的需求较大，有机肥在后期分解所产生的养分大多被作物吸收，肥料水解对于盐分变化的影响较小，且有机肥中大量疏松的有机物质可以降低土壤压实指数及改善土壤结构（Laura 等，1977），在后期起到易于盐分淋洗作用的同时还能抑制盐分随水分蒸发产生表聚效应。Wu 等（2018）在为期 6 个月的温室条件下所作的研究表明，施入有机肥与施用化肥对土壤电导率的影响并无显著性差异，这与本书所述研究得出的中度盐渍土生育前期 0～40cm 深度土层土壤电导率变化规律相似。这可能是因为此时较高的土壤盐度会抑制土壤中微生物的生长，从而降低肥料水解（Laura 等，1977），而有机肥的施入会提高微生物活性，促进土壤中氮素的转化（Mcclung 等，1987），导致不同施肥处理产生的可溶性离子在土壤中达到一种均衡状态，表现为各处理之间肥料水解对耕层土壤电导率的影响无显著性差异。而在玉米生育后期，有机肥对于抑制表层土壤盐分积累的优势显现出来，呈现出有机肥施入比例越大土壤电导率越小的规律。本书对不同施肥处理深层土壤电导率变化规律进行研究后发现，在作物生长后期，40～100cm 深度土壤电导率随着有机肥施入比例的增大而增加，这进一步证明有机肥对土壤耕层起到利于脱盐、抑制反盐的作用，而由于施入有机肥深度较浅，对深层土壤性质影响较小，因此盐分在蒸发作用下于土壤深层积聚。

盐渍化土壤中肥料的矿化特性因盐渍化程度的不同而不同（Gandhi 等，1976）。Laura 等（1977）研究表明，土壤中的矿质氮含量通常随着土壤盐分的增加而降低，这与本书所述研究得到的结果相同，即在作物整个生育期内均表现为轻度盐渍化土壤矿质氮含量显著高于中度盐渍化土壤。这是因为在低盐环境下矿化作用会受到刺激而使矿质氮含量上升（Mcclung 等，1987），而过量的盐分会对土壤的理化性质和矿化过程产生不利影响（Rousk 等，2011）。研究表明，不同生育阶段的作物对氮素的需求与土壤氮有效性之间更好地保持同步将有助于提高氮肥利用效率（银敏华等，2016）。本书针对轻度盐渍土 $0\sim$ 40cm 深度土层进行的研究发现，在玉米生长前期，配施有机肥比例越大的处理其土壤矿质氮含量越小，这种现象源于有机肥具有矿质化过程缓慢的特性（Seufert 等，2012）。在玉米生育后期，有机肥肥效持久且不易流失的优势开始体现，其中以有机无机肥料各半配施处理土壤矿质氮含量最大，这一结果可能源于前期该处理无机化肥较快的矿化速率能及时供应足量无机氮，有机肥分解的氮素易被微生物利用而固定在其体内，到了作物生长后期，微生物的死亡伴随着固持在其体内的氮素释放（张亚丽等，2002），加之有机肥自身也释放了矿质氮。本书所述的研究条件下，中度盐渍化土壤不同有机无机肥料配施处理，在作物生育前期，耕层土壤矿质氮含量无明显差异，其原因可以归结为：高盐度对无机肥矿化的抑制作用较强，且在盐分较高的条件下，负责将氨盐转换为硝态氮的微生物受到影响（徐阳春等，2002），从而会加剧土壤氨挥发的损失（Kumar 等，2007），导致氮素有效性降低，而有机肥的施入可以提增加土壤微生物含量及提高土壤酶活性（Aslam 等，1998），为有机氮素矿化创造较好的环境条件，导致高盐度条件下有机肥与无机肥的矿化量差异不显著。该试验结果显示，在作物生长后期，有机肥施入比例越大的处理其耕层土壤矿质氮含量越大，说明在中度盐渍化土壤中，有机肥在后期对于氮素的持续供应能力较强。本书所述研究发现，轻度、中度盐渍土在作物生育后期均表现出配施 50% 以上有机肥的各处理深层土壤矿质氮含量较小的趋势，这可能是因为施入较多的有机肥可以促进作物根系生长，提高根冠比，促使作物对深层土壤养分的吸收利用（马晓霞等，2012）。有研究表明，有机肥的碳氮比是决定其氮素矿化的最主要的特性指标之一，较宽的碳氮比会为微生物供大量碳源，部分氮素会被微生物吸收，因此会出现氮的净固定（Cordovil 等，2007），而随着碳氮比的变窄会出现氮的净矿化。一般认为，当有机肥的碳氮比小于 15 时，有机肥可出现净固定，该试验施用的有机肥碳氮比为 7.5，其氮素有效性较高，可为作物生长提供较为充足的无机养分。

大量施用氮肥会造成土壤硝态氮残留累积。有研究表明，当施氮量不小于 $168kg/hm^2$ 时会显著增加土壤矿质氮残留量，本书所述研究中，施氮总量为 $240kg/hm^2$，至收获时各施肥处理土壤 $0\sim100cm$ 深度土层硝态氮残留量显著增加。本书所述研究发现，轻度盐渍化土壤硝态氮残留量主要集中于 $0\sim40cm$ 深度土层，而中度盐分主要残留在 $40\sim$ 100cm 深度土层，这可能是因为过高的土壤盐分会抑制作物对氮素的吸收利用，因而在灌溉和降雨的作用下促进土壤向深层淋洗，增加深层土壤硝态氮含量，加大淋失风险（Hoorn 等，2001）。就当季氮肥残留量来看，S_1、S_2 土壤之间差异并不显著，究其原因可能是：一方面，过量的盐分会对土壤矿化过程产生不利影响（左青松等，2017），导致 S_2 土壤硝态氮含量低于 S_1 土壤；另一方面，高盐度又会抑制作物对氮素的吸收，增大 S_2 土壤硝态氮残留量，两种效应导致不同盐分的当季土壤的硝态氮残留量基本达到一种均衡状态。该试验结果显示，两种盐分条件下增大有机肥施入比例均可增加耕层土壤硝态氮残留量，并控制其向深层土壤淋失，这可能是因为施入有机肥能够增加土壤活性有机碳含量和团聚体粒径，提高阳离子代换量，增强对硝态氮的固持作用（Chinnusamy等，2005）。

作物氮素积累、分配及氮素利用效率与最终籽粒产量形成关系密切。本书所述研究表明，随着土壤盐分的增加，作物吸氮量降低，这是因为根系土壤盐分过高导致土壤或者营养液渗透势减小，从而抑制作物对氮的吸收能力（Celik等，2004）。左青松等（2017）研究发现，盐分含量增加，会导致植株氮素向籽粒的转运效率降低，这可能也是本书所述研究中中度盐分土壤氮收获指数低于轻度盐分土壤的原因。合理调配生育期氮素供应过程对于提高氮素利用效率尤为重要。本书所述研究的结果显示，轻度盐渍化土壤以有机无机肥料各半配施处理氮素利用效率较高，中度盐渍化土壤则呈现出有机肥施入比例越大氮素利用效率越高的趋势，原因在于：盐分较低时，盐度对作物生长抑制较小，在玉米生长前期需要无机肥供应适量的无机氮满足其发育所需，但过量施入无机肥又会造成浪费，因此，施用有机肥替代部分无机肥可以减少前期矿质氮过量累积造成的挥发、淋洗等损失，进入作物生育后期，有机肥持续矿化又能稳定地释放无机氮供作物吸收利用；在盐度较高的条件下，盐分会影响植物正常的营养吸收，抑制其生长，过量施入无机化肥并不能被作物有效吸收，且本书所述研究发现，盐分显著降低了无机肥的有效性，导致有机肥和无机肥产生的土壤矿质氮含量在生育前期并无显著性差异，而在生育中后期呈现出有机肥施入比例越大土壤矿质氮含量越多的态势。有机肥中大量疏松的有机物质可以降低土壤压实指数，改善土壤结构（Li等，2010），易于盐分淋洗的同时还能抑制盐分随水分蒸发而产生表聚效应，从而起到降低土壤盐分的作用，促进作物对养分的吸收，这也可能是本书所述研究中中度盐渍化土壤中增加有机肥施入比例对于提高肥料利用效率优势更加明显的原因。研究表明，玉米在生育前期氮素积累量较少，在生育中后期出现氮素吸收高峰（Lea‐Cox等，1993），本书所述研究中两种盐分条件下配施50%以上有机肥处理，土壤矿质氮含量在作物生育后期显著高于施入无机肥比例较大的处理，这也是配施有机肥可以提高肥料利用效率的重要原因之一。

本书所述研究表明，同一盐分条件下，各有机无机肥料配施处理之间土壤耗水量并无显著差异，这是因为虽然有机肥的施入可以提高土壤含水率（王晓娟等，2012），但同时给作物提供了良好的水肥环境，对土壤水分造成较大的消耗。本书所述研究结果显示，随着土壤盐渍化程度的增大作物水分利用效率降低，这是因为土壤盐分过高时，土壤溶液渗透压也随之提高，从而导致水分有效性降低，使植物吸水困难。也有可能是因为盐分浓度过高致使作物出现生理干旱现象，抑制作物生长，造成作物减产（Gopinath等，2008）。Lea‐cox等（1993）研究发现，在盐分胁迫条件下，作物对氮素吸收的减少与其对水分利用的减少具有极大相关性，盐渍化土壤中这种复杂的机制也是导致作物水肥利用效率降低的直接原因。已有研究表明，施用有机肥可以显著提高作物水分利用效率，这与该试验研究结果基本一致——因为施入有机肥使土壤总空隙度及土壤养分状况得到明显改善，有利于作物生长及水分利用率的提高（Fan等，2005）。有机无机肥料配施对作物的产量效应受土壤基础地力的影响较大（刘守龙等，2007），该试验初始土壤肥力较好，土壤本身可提供的无机养分较多，这可能也是增大有机肥施入比例对于增产及提高作物水氮利用效率效果明显的直接原因。

作物最终的产量及经济效益是评价有机无机肥料配施模式的核心指标。本书所述研究表明，轻度盐渍化土壤以有机无机肥料各半配施玉米产量最高，且其经济效益也显著高于其余处理。中度盐渍化土壤则表现为单施有机肥处理可以获得较高的产量及经济效益。这也进一步证明，对河套灌区轻度、中度盐渍化土壤分别以有机氮替代50％无机氮和有机氮替代100％无机氮的处理不仅能提高玉米水氮利用，而且能够满足农户客观经济需求，这种施肥模式可以在当地进行推广并实行。

5.6　本　章　小　结

对于农业生产来说，田间管理实践的最终目的都是获得更高的产量及经济效益。本章从土壤水氮转化角度探讨了有机无机氮配施对玉米产量及水氮利用效率的影响，提出了盐渍化玉米农田较优的有机无机氮配施模式，主要取得以下结论：

（1）配施有机氮可以增强土壤的持水性能，改善浅层水分状况，并促进作物对深层土壤水分的吸收利用。轻度、中度盐渍化土壤生育期内耕层土壤基本表现出有机氮施入比例越大土壤贮水量越大的趋势，深层土壤贮水量在玉米生长前期各施肥处理之间无显著差异，配施50％以上有机氮可以显著提高抽雄期及灌浆期土壤耗水量。

（2）盐分升高会抑制土壤氮素有效性，中度盐渍化土壤矿质氮含量较轻度盐渍化土壤显著减少；有机氮肥效持久，且在生育前期，有机氮释放的氮素可以储存在土壤中，满足玉米关键生育期对氮素的高需求量。轻度盐渍化土壤以有机氮替代50％无机氮，在玉米生育前期矿质氮含量较小，而在抽雄期之后处于较高水平。中度盐渍土需要大量有机肥以改善土壤氮素矿化环境，生育期基本表现出有机氮施入比例越大耕层土壤矿质氮含量越大的趋势。此外，配施50％以上有机氮可以显著提高玉米对深层土壤氮素的吸收利用。

（3）玉米最终产量及经济效益是评价有机无机肥料配施模式的核心指标，配施有机氮肥可以有效提高玉米的水氮利用效率，达到增产的效果。轻度盐渍化土壤以有机氮替代50％无机氮可获得最高产量、经济效益及水氮利用效率，中度盐渍化土壤以有机氮替代100％无机氮处理产量最高，同时可以获得较高的经济效益及水氮利用效率，可推荐作为盐渍化玉米农田较优的施肥管理模式。

第6章 有机无机氮配施对不同程度盐渍化土壤氮素损失的影响

随着氮肥施用量的增加，氮素面源污染在农业生态系统中受到科研工作者的广泛关注。在我国，主要农作物氮肥利用效率在 30% 左右，这一指标远低于其他西方发达国家。土壤 NH_3 挥发和 N_2O 排放是氮素气体损失的主要途径，同时，硝酸盐淋失也是最普遍的面源污染之一，这些主要是由过量施氮造成的。我国农业生产过程中，氨挥发损失率达到 21%；N_2O 通过微生物介导的硝化和反硝化过程在土壤中自然产生，全球农业土壤每年因施用氮肥造成直接或间接 N_2O 排放约为 4Tg；此外，我国北方地区地有大量地下水的硝酸盐含量超过世界卫生组织饮用水硝酸盐限量标准。气体损失以及地下水淋溶不仅造成作物吸氮量减少，而且造成严重的污染。为了提高农业生产效率，有机肥替代化肥成为近年来众多学者的研究热点（马晓霞等，2012）。众所周知，合理的有机无机肥料配施能够达到增产及缓解环境压力的效果。然而，有机肥的质量和数量、施肥年限以及气候及土壤环境因子的不同，均能引起氮素损失情况的不同。

因此，我们假设有机无机肥料配施对不同程度盐渍化土壤氮素损失具有不同的影响，通过对土壤环境因子以及 NH_3 挥发、N_2O 排放和硝态氮淋失量进行监测研究，探究盐渍化玉米农田最佳的有机肥替代化肥比例。

6.1 测定指标及方法

（1）土壤温度。土壤温度由 Li‐8100 碳通量自动测量系统自带的土壤温度探针测定，将温度探针插入土体 10cm 深度测量土壤温度（T_{10}）。

（2）氨挥发测定，试验采用通气法。用聚氯乙烯硬质塑料管制成高 10cm、内径 15cm 的通气法装置，并均匀地将两块厚度均为 2cm、直径为 16cm 的海绵浸以 15mL 的磷酸甘油溶液（50mL H_3PO_4＋40mL $C_3H_8O_3$，定容至 1000mL）后置于装置中，下层海绵距管底 5cm，上层海绵与管顶部相平，并将装置插入土中至 1cm 深处。在各装置顶部 20cm 处支撑起 1 个遮雨顶盖以防降雨对装置产生影响。于施肥当天开始捕获氨的挥发，在各小区的对角线上分别安置 3 个氨捕获装置，次日早晨 8：00 取样，取样时将下层海绵迅速取出并装入有对应编号的自封袋中，密封。同时将刚刚浸润过的另 1 块海绵换上，上层海绵视其干湿状况每隔 2～4d 更换 1 次。用 500mL 塑料瓶将取出的海绵剪碎后装入，加入 300mL 浓度为 1.0mol/L 的 KCL 溶液，将海绵完全浸润于其中之后振荡 1h，采用连续流动分析仪（型号 Aquakem 250）测定浸取液中的铵态氮含量。施肥后的最初 1 周，每天取 1 次样，之后视监测到的氨挥发的量每隔 2～5d 取 1 次样，直至监测不到为止。

（3）N_2O 排放。利用静态暗箱法进行气体采集，箱子尺寸为 $0.5m \times 0.5m \times 0.5m$。采样点定于玉米垄间，于播种后随机确定，将箱子的底座密封槽埋在土壤中，在密封槽中加入水，防止箱内气体外溢，箱内放置 1 支温度计，用于测定箱内温度水平。取样时用 3 通阀进气，每次取样用 100mL 注射器从采样箱采样口抽气约 100mL，气体采集时间间隔 10min，每次采样 4 个。采集的气体在实验室用 Agilent 6820 气相色谱仪（型号 Agilent 6820D）进行测定分析。气体采集时间位于灌溉、施肥和降雨后，连续取样，其他时间取样频率约 1 周 1 次，并根据作物生长及季节变化适当调整。

（4）硝态氮淋溶。利用田间原装渗漏计测定法（Lysimeter 法）收集土壤 50cm 深度的水样，土壤渗漏液收集盘安装在每个小区中间（表土层下 60cm 处，长 0.5m、宽 0.4m、高 0.1m）。为了保证陶瓷吸盘与土壤吸盘之间有合适的液体压力，陶瓷吸盘被安装在一个直径相当的孔中，然后用原土填充收集盘与土壤之间的孔隙。淋溶盘和集液管通过软管连通，淋溶液通过软管自动汇集于集液管，在每次灌溉和降雨后 1~2d 利用真空泵提取土壤溶液，并将试样放入 −4℃ 冰箱中保存，24h 内测定。采用双波长比色法测定淋溶水样中的硝态氮浓度。

6.2 有机无机氮配施对土壤环境因子的影响

6.2.1 土壤温度

从图 6.1 可以看出，各处理 0~5cm 深度土壤温度变化规律一致，即随着生育期的推进呈先升后降的趋势，在苗期时候最低，在拔节期达到最高值。在玉米生长季内，随着有机氮施入比例的增加土壤温度呈逐渐增大的趋势，但各处理之间并没有显著性差异，2018—2020 年各处理气温变化范围为 9.87~44.27℃，平均地温达到 26.74℃。

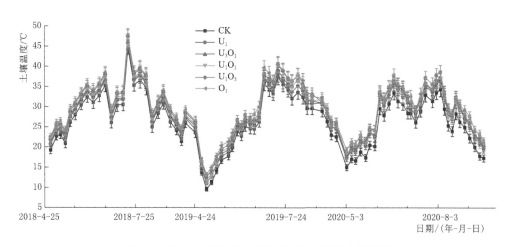

图 6.1 2018—2020 年各处理 0~5cm 深度土壤温度

6.2.2 土壤 $NH_4^+ - N$ 及 $NO_3^- - N$ 含量变化

图 6.2 和图 6.3 分别为 2019 年、2020 年玉米生长季内不同处理土壤铵态氮的含量变

化。可以看出，CK 处理在整个生育期内土壤 NH_4^+-N 含量均处于较低水平，两年的 S_1、S_2 土壤 NH_4^+-N 变化幅度分别为 $1.03\sim10.98mg/kg$ 和 $0.76\sim7.32mg/kg$。各施肥处理土壤 NH_4^+-N 在玉米季内变化趋势基本一致，即施肥后 $1\sim4d$ 内，土壤 NH_4^+-N 含量迅速达到峰值，随后逐渐降至较低水平，整个高峰期持续 2 周左右。

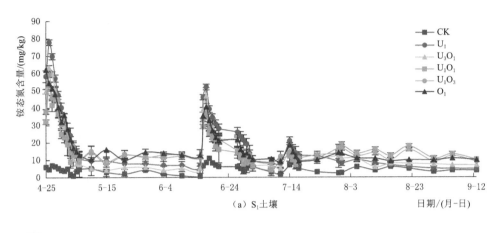

（a）S_1土壤

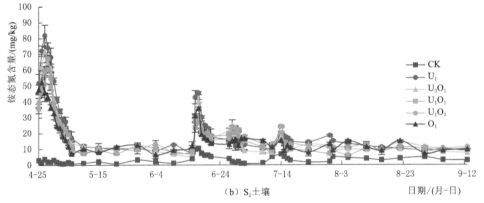

（b）S_2土壤

图 6.2　2019 年玉米生长季内不同处理土壤铵态氮含量变化

不同土壤盐分条件下，有机无机肥配施比例所产生的土壤 NH_4^+-N 动态过程表现不一。2019 年，S_1 土壤 U_1 及 U_3O_1 处理在施基肥后第 2d 达到峰值，分别为 $77.93mg/kg$ 和 $63.97mg/kg$；U_1O_1 和 U_1O_3 处理呈双峰变化，分别在第 2d 和第 4d 达到峰值，最大值分别为 $53.61mg/kg$ 和 $59.58mg/kg$，O_1 处理在施肥后第 1d 即出现最大值，为 $62.17mg/kg$。追肥后各处理土壤 NH_4^+-N 含量均在第 2d 出现最大值，但较施入基肥后均明显降低，U_1 处理较其余施肥处理高出 $10.63\%\sim43.89\%$，在整个高峰期内 NH_4^+-N 含量呈现出 $U_1>U_3O_1>O_1>U_1O_3>U_1O_1$ 的趋势，而在后期呈现出相反态势，这可能是因为在玉米生育前期，合理的有机无机氮配施有利于微生物对铵态氮的固持，而随着生育期的推进，微生物死亡伴随着铵态氮的释放，从而增加其含量。

S_2 土壤各处理 NH_4^+-N 峰值出现时间均较 S_1 土壤有所延迟，但最大值有所提高（除 O_1 处理外），这可能是因为土壤盐度升高会抑制土壤硝化作用，从而使大量氮素以铵

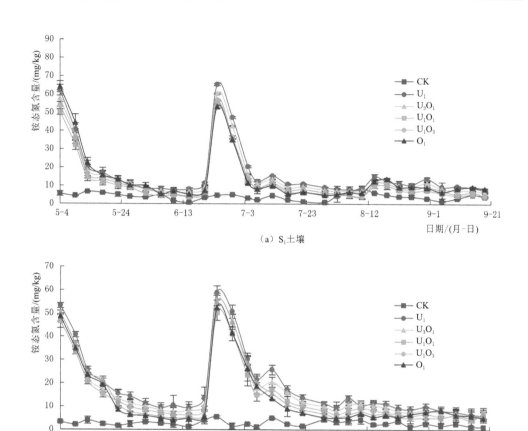

图 6.3　2020 年玉米生长季内不同处理土壤铵态氮含量变化

态氮的形态存在。施入基肥后，U_1 及 U_3O_1 处理 NH_4^+ - N 含量在第 3d 达到峰值，为 81.98mg/kg 和 71.76mg/kg，分别较 S_1 土壤高出 5.19% 和 13.24%；U_1O_1 和 U_1O_3 处理在第 4d 出现最大值，分别为 67.29mg/kg 和 60.48mg/kg，较 S_1 土壤高出 25.52% 和 1.51%；O_1 处理在第 2d 出现峰值，为 52.38mg/kg，较 S_1 土壤降低 18.69%。追肥后，各处理 NH_4^+ - N 峰值出现时间均在第 2d。在整个高峰期内，峰值出现前不同处理 NH_4^+ - N 含量呈现出与 S_1 土壤一致的规律，而最大值较 S_1 土壤有所降低，U_1、U_3O_1、U_1O_1、U_1O_3 及 O_1 处理较 S_1 土壤分别降低 14.98%、16.72%、36.36%、22.71% 和 14.11%，而在峰值出现后表现出有机肥施入比例越大 NH_4^+ - N 含量越小的趋势。与 2019 年相比，2020 年取样频率有所降低，但整体趋势与 2019 年基本一致。

图 6.4 和图 6.5 分别为 2019 年、2020 年玉米生长季内不同处理不同程度盐渍化土壤各有机无机肥料配施硝态氮含量变化。可以看出，2019 年 CK 处理 NO_3^- - N 含量在整个生育期内波动较小，S_1、S_2 土壤 NO_3^- - N 变化幅度分别为 9.36～20.23mg/kg 和 5.17～16.45mg/kg。而各施肥处理 NO_3^- - N 含量在生育期内波动较为剧烈，施肥后土壤 NO_3^- - N 含量迅速增大，且峰值出现时间基本一致，持续一段时间后开始下降，至作物收获时含量

达到最小值。

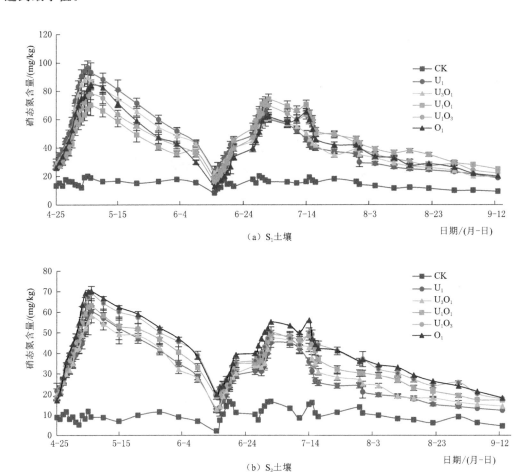

图 6.4　2019 年玉米生长季内不同处理不同程度盐渍化土壤
各有机无机肥料配施硝态氮含量变化

在 S_1 土壤条件下，施入基肥后各处理呈现出随着有机肥施入比例增大而 $NO_3^- - N$ 含量先降后升的趋势，U_1 处理 $NO_3^- - N$ 峰值为 96.73mg/kg，较其余处理显著高出（除与 U_3O_1 处理不显著外）7.63%～37.88%（$P < 0.05$）；追肥后一段时间内呈现出有机肥施入比例越大土壤 $NO_3^- - N$ 含量越小的趋势，在 7 月 8 日之后 $NO_3^- - N$ 含量基本表现出 $U_1O_1 > U_1O_3 > O_1 > U_3O_1 > U_1$ 的规律。

在 S_2 土壤条件下，施入基肥后各处理 $NO_3^- - N$ 峰值出现时间与 S_1 土壤条件下基本一致，但最大值有所降低，U_1、U_3O_1、U_1O_1、U_1O_3 及 O_1 处理分别较 S_1 土壤降低 55.24%、49.66%、10.96%、12.98% 和 20.47%，且以 O_1 处理最大，为 70.23mg/kg，与 U_1O_3 处理差异不显著，但均显著高于其余处理（$P < 0.05$）；而在追肥后基本呈现出有机肥施入比例越大 $NO_3^- - N$ 含量越大的态势。2020 年各处理 S_1、S_2 土壤 $NO_3^- - N$ 变化规律与 2019 年基本一致。

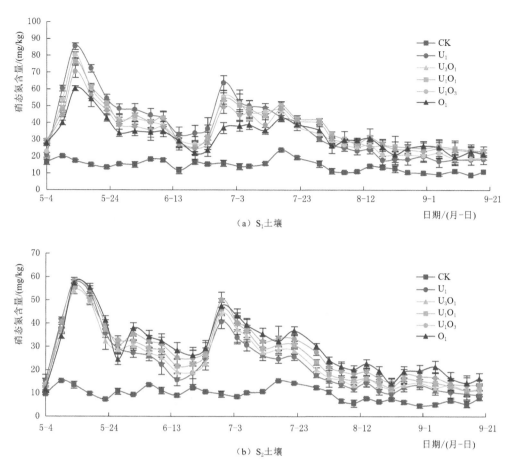

图 6.5 2020 年玉米生长季内不同处理不同程度盐渍化土壤
各有机无机肥料配施硝态氮含量变化

6.3 有机无机氮配施对土壤氨挥发的影响

氮素损失是造成肥料利用率低和一些环境污染的主要原因，而氨挥发又是田间土壤氮素损失的重要途径之一，我国氨挥发损失率达到 21%。因此从环境友好的角度，可利用田间氨挥发损失量来评价肥料施用模式的优劣。目前，国内外对于有机无机肥配施对氨挥发影响的研究已有很多，但大多集中于非盐渍化土壤，盐分对氨挥发的影响已引起众多学者的关注。研究表明，高盐度抑制土壤中硝化作用的进行，导致土壤氨挥发增加，而微生物也可能由于盐分过多而抑制其生长，从而降低肥料水解，减少土壤氨挥发。河套灌区是我国土壤盐渍化发育的典型地区，过量盐分严重影响着土壤的理化特征，从而影响土壤中氮素的转化和损失，对于氨挥发损失的影响更为复杂。目前，关于有机氮替代部分无机氮肥模式下不同盐渍化农田氨挥发损失的研究还鲜有报道。

6.3.1 有机无机氮配施对土壤氨挥发速率的影响

2018—2020 年轻度、中度盐渍化土壤各处理土壤氨挥发速率变化趋势如图 6.6～

图 6.8 所示。可以看出，同一处理中度盐渍化土壤的氨挥发速率均大于轻度盐渍化土壤，施入基肥和追肥后，3 年中度盐渍化土壤的氨挥发速率均值较轻度盐渍化土壤分别高出 8.33%～21.31% 和 5.41%～30.85%，高盐度明显促进了土壤氨挥发损失速率。

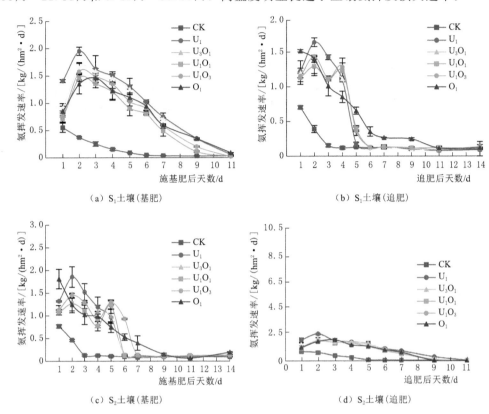

图 6.6 2018 年不同施肥处理条件下土壤氨挥发速率

由图 6.6 可知，施入基肥后，2018 年轻度盐渍化土壤各肥料配施处理氨挥发速率变化范围为 0.081～1.642kg/(hm² · d)，不同处理氨挥发速率动态变化趋势有所不同，纯无机肥和 U_3O_1 处理在第 2d 出现峰值，分别为 1.642kg/(hm² · d) 和 1.307kg/(hm² · d)，均呈单峰变化趋势。U_1O_1 和 U_1O_3 均在第 2d 和第 4d 出现峰值，呈双峰变化趋势。单施有机肥处理在施肥后第 1d 即出现峰值，为 1.519kg/(hm² · d)，随后逐渐下降进入低挥发阶段。中度盐渍化土壤不同有机无机肥料配施氨挥发速率变化范围为 0.077～1.855kg/(hm² · d)，其氨挥发速率变化趋势与轻度盐渍化土壤基本一致。与 2018 年的规律相似，2019 年、2020 年施入基肥后轻度盐渍化土壤各处理氨挥发速率变化范围分别为 0.088～1.802kg/(hm² · d) 和 0.087～1.975kg/(hm² · d)，中度盐渍化土壤各处理氨挥发速率变化范围则分别为 0.091～2.430kg/(hm² · d) 和 0.092～2.570kg/(hm² · d)。

追肥后，各施肥处理氨高挥发期较施入基肥后明显延长，2018 年轻度盐渍化土壤不同肥料配施氨挥发速率变化范围为 0.032～1.952kg/(hm² · d)，氨挥发强度较施入基肥后明显提高，各处理氨挥发速率均呈单峰变化趋势，且在追肥后第 2d 出现峰值；中度盐渍化土壤不同有机无机肥料配施氨挥发速率变化范围为 0.030～2.143kg/(hm² · d)，除

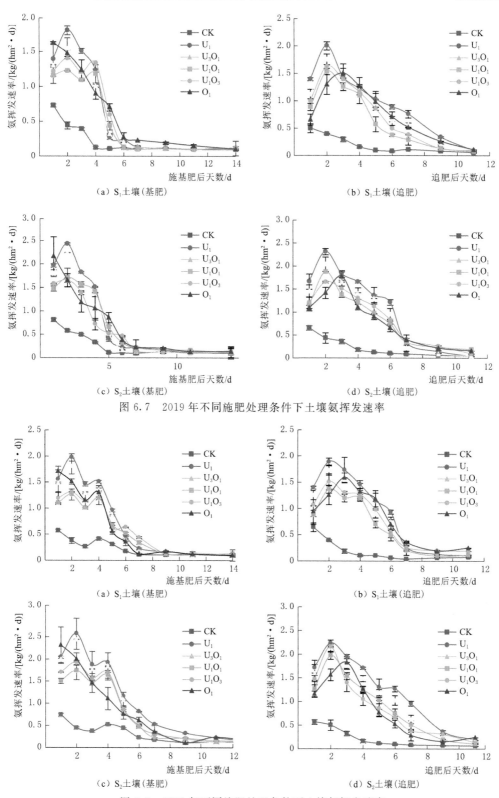

图 6.7 2019 年不同施肥处理条件下土壤氨挥发速率

图 6.8 2020 年不同施肥处理条件下土壤氨挥发速率

单施有机肥氨挥发速率于第 3d 出现峰值外，其余各处理均于第 2d 出现峰值，随后逐渐进入低挥发阶段。2019 年、2020 年追肥后轻度盐渍化土壤各处理氨挥发速率变化范围分别为 0.051～1.998kg/(hm² · d) 和 0.055～1.885kg/(hm² · d)，中度盐渍化土壤各处理氨挥发速率变化范围则分别为 0.043～2.306kg/(hm² · d) 和 0.055～2.233kg/(hm² · d)。

6.3.2　有机无机氮配施对土壤氨挥发总量的影响

本书所述研究发现，同一处理中度盐渍化土壤氨挥发总量均显著高于轻度盐渍化土壤，从 3 年均值来看，中度盐渍化土壤 U_1、U_3O_1、U_1O_1、U_1O_3、O_1 处理氨挥发总量较轻度盐渍化土壤分别高出 21.60%、21.17%、26.35%、17.07%、10.17%。

不同程度盐渍化土壤有机无机肥料配施对土壤氨挥发总量影响各异（表 6.1～表 6.3）。2018—2020 年轻度盐渍化土壤不同肥料配施处理氨挥发总量分别为 12.80～16.05kg/hm²、11.79～15.98kg/hm² 和 12.63～17.54kg/hm²，3 年均以 U_1 处理氨挥发总量最大，较其他施肥处理分别显著高出 10.24%～25.37%、15.13%～35.54% 和 10.40%～38.91%，氨挥发总量基本表现出 $U_1 > U_3O_1 > O_1 > U_1O_3 > U_1O_1$ 的趋势。3 年中度盐渍化土壤不同有机无机肥料配施处理氨挥发总量分别为 14.14～17.84kg/hm²、15.16～19.42kg/hm² 和 16.79～23.17kg/hm²，U_1 处理氨挥发总量最大，较其他施肥处理分别高出 10.64%～26.14%、11.74%～28.10% 和 12.23%～37.98%，从 3 年均值来看，各施肥处理总体表现出 $U_1 > U_3O_1 > U_1O_1 > U_1O_3 > O_1$ 的趋势，但配施 50% 以上有机肥各处理之间无显著性差异（$P > 0.05$）。

不同程度盐渍化土壤有机无机肥料配施处理氨挥发损失率表现不一，轻度盐渍化土壤 3 年氨挥发损失率分别为 3.85%～5.20%、3.25%～5.00% 和 3.55%～5.60%，中度盐渍化土壤明显高于轻度盐渍化土壤，3 年氨挥发损失率分别达到 4.04%～5.59%、4.31%～6.09% 和 4.86%～7.52%。轻度、中度盐渍化土壤各处理氨挥发损失率表现与氨挥发损失量表现基本一致。

表 6.1　2018 年不同施肥处理条件下轻度、中度盐渍化土壤上氨挥发总量及损失率

盐渍化程度	处理	氨挥发总量/(kg/hm²)			氨挥发损失率/%
		施基肥	追肥	合计	
轻度（S_1 土壤）	U_1	6.08	9.97	16.05a	5.20a
	U_3O_1	5.66	8.90	14.56b	4.58b
	U_1O_1	5.74	7.06	12.80d	3.85d
	U_1O_3	5.95	7.90	13.84c	4.28c
	O_1	6.53	7.98	14.51b	4.56b
中度（S_2 土壤）	U_1	7.41	10.43	17.84a	5.59a
	U_3O_1	6.65	9.13	15.77c	4.72c
	U_1O_1	6.10	8.05	14.14d	4.04e
	U_1O_3	7.52	8.60	16.12b	4.87b
	O_1	7.16	8.33	15.50c	4.61d

注　不同小写字母表示不同处理之间差异显著（$P < 0.05$）。

表 6.2   2019 年不同施肥处理条件下轻度、中度盐渍化土壤上氨挥发总量及损失率

盐渍化程度	处理	氨挥发总量/(kg/hm²)			氨挥发损失率/%
		施基肥	追肥	合计	
轻度 （S₁ 土壤）	U₁	6.86	9.12	15.98a	5.00a
	U₃O₁	5.98	7.90	13.88b	4.12b
	U₁O₁	5.60	6.19	11.79c	3.25c
	U₁O₃	6.28	7.11	13.39b	3.92b
	O₁	6.86	7.28	14.14b	4.23b
中度 （S₂ 土壤）	U₁	8.92	10.50	19.42a	6.09a
	U₃O₁	8.24	9.14	17.38b	5.24b
	U₁O₁	7.74	8.07	15.81c	4.58c
	U₁O₃	6.81	8.35	15.16c	4.31c
	O₁	7.98	7.70	15.68c	4.53c

注   不同小写字母表示不同处理之间差异显著（$P<0.05$）。

表 6.3   2020 年不同施肥处理条件下轻度、中度盐渍化土壤上氨挥发总量及损失率

盐渍化程度	处理	氨挥发总量/(kg/hm²)			氨挥发损失率/%
		施基肥	追肥	合计	
轻度 （S₁ 土壤）	U₁	8.52	9.02	17.54a	5.60
	U₃O₁	7.75	8.14	15.89b	4.91
	U₁O₁	6.41	6.21	12.63d	3.55
	U₁O₃	6.95	7.30	14.25c	4.23
	O₁	7.11	7.78	14.88bc	4.49
中度 （S₂ 土壤）	U₁	11.52	11.66	23.17a	7.52
	U₃O₁	10.37	10.28	20.65b	6.47
	U₁O₁	8.4	8.58	16.98c	4.94
	U₁O₃	8.94	8.38	17.32c	5.08
	O₁	9.03	7.76	16.79c	4.86

注   不同小写字母表示不同处理之间差异显著（$P<0.05$）。

6.3.3 NH_3 挥发速率与各土壤 $NH_4^+ - N$ 和 $NO_3^- - N$ 的相关性分析

NH_3 挥发速率与土壤 $NH_4^+ - N$ 和 $NO_3^- - N$ 相关性分析见表 6.4 和表 6.5。可以看出，不同有机无机肥料配施比例下，N_2O 排放通量与土壤 $NH_4^+ - N$ 含量之间均存在极显著正相关关系（$P<0.01$）。S_1 土壤条件下，除 U_1 处理 NH_3 挥发速率与土壤 $NO_3^- - N$ 含量相关性不显著外，其余处理均呈显著（$P<0.05$）或极显著（$P<0.01$）负相关性；S_2 土壤条件下，各处理 NH_3 挥发速率与土壤 $NO_3^- - N$ 含量均呈显著或极显著负相关关系。

表 6.4　　　　　　　N₂O 排放通量与 S₁ 土壤 $NH_4^+ - N$ 和 $NO_3^- - N$ 的相关性

S₁ 土壤	U₁	U₃O₁	U₁O₁	U₁O₃	O₁
$NH_4^+ - N$	0.957**	0.927**	0.967**	0.837**	0.915**
$NO_3^- - N$	−0.231	−0.515*	−0.435*	−0.695**	−0.708**

注　** 表示在 $P < 0.01$ 水平上显著相关；* 表示在 $P < 0.05$ 水平上显著相关。

表 6.5　　　　　　　　　N₂O 排放通量与 S₂ 土壤环境的相关性

S₂ 土壤	U₁	U₃O₁	U₁O₁	U₁O₃	O₁
$NH_4^+ - N$	0.978**	0.926**	0.898**	0.821**	0.820**
$NO_3^- - N$	−0.546**	−0.416*	−0.529**	−0.387*	−0.617**

注　** 表示在 $P < 0.01$ 水平上显著相关；* 表示在 $P < 0.05$ 水平上显著相关。

6.4　有机无机氮配施对土壤 N₂O 排放的影响

N₂O 通过微生物介导的硝化和反硝化过程在土壤中自然产生，是导致全球变暖的主要温室气体之一（Huang 等，2004）。有研究表明，全球温室效应有 6% 的比重是由 N₂O 形成（Davidson 等，2009）的，目前，大气中的 N₂O 浓度仍以每年 0.2%～0.3% 的速度递增（Ghosh 等，2003）。据报道，全球农业土壤每年 N₂O - N 排放量估计可达到 3.8～6.8Tg（David 等，2013），是最主要的 N₂O 释放源，其中每年因施用氮肥（含有机氮）造成的直接或间接 N₂O - N 排放约为 4Tg（Bouwman 等，2010）。因此，合理利用氮肥资源，以减少 N₂O 排放及提高粮食生产效率是当前亟待解决的科学问题。

盐渍化土壤是地球上广泛存在的一种土壤类型，全球约有 3.97 亿 hm² 土地受盐分影响（FAO，2015）。过量盐分不仅会降低作物产量，而且干扰土壤微生物活性，导致由微生物介导的土壤过程也会受到影响（Liang 等，2005）。因此，盐浓度可能对 N₂O 的排放产生显著影响（Setia 等，2011）。尚会来等（2009）的研究表明，随着盐度的升高，硝化过程中 N₂O 产量和转化率均有大幅度上升。Oren 等（1999）的研究表明，在嗜盐微生物存在的情况下，反硝化过程在盐接近饱和时普遍存在，这可能导致大量 N₂O 排放。代伟等（2019）研究发现，高盐碱环境会抑制 N₂O 还原酶的活性，从而使异养反硝化过程产生大量 N₂O。可见，限制盐渍化土壤对 N₂O 的排放极为重要。

由于盐渍化土壤生产力较差，农民通常大量施用氮肥以提高产量，但施用氮肥的同时也会造成可溶性盐的累积（Han 等，2015），从而对作物生长产生抑制作用[246]。有机肥是中国最为传统的农业肥料（王立刚等，2004），其作为改良土壤的一种有效方法在世界范围内被广泛采用。在盐渍化农田中施加有机肥能降低土壤容重、电导率及交换性钠离子的浓度（Shenhua 等，2019），还可以为微生物提供能量（Zhang 等，2015），提高微生物活性及微生物量（Praveen 等，1998）。有机物质的输入会影响微生物的活动，进而可能影响 N₂O 的排放（Meng 等，2005）。Namratha 等（2014）的研究表明，施用有机肥有利于减少受盐影响的土壤的 N₂O 排放。也有学者研究发现，施入有机肥会促进 N₂O 排放（石玉龙等，2017）。有机肥对盐渍化土壤 N₂O 排放的影响尚未有一致结论。

6.4.1　不同程度盐渍化土壤各处理土壤 N_2O 通量变化

本书所述研究在 2019—2020 连续两年测定了土壤 N_2O 排放通量，由图 6.9 和图 6.10 可以看出，CK 处理在 N_2O 排放通量季节性变化不明显，两年 S_1 土壤变化范围分别为 $4.93\sim61.55\mu g/(m^2 \cdot h)$ 和 $10.92\sim49.60\mu g/(m^2 \cdot h)$，$S_2$ 土壤变化范围分别为 $13.22\sim75.12\mu g/(m^2 \cdot h)$ 和 $27.04\sim74.84\mu g/(m^2 \cdot h)$。在整个玉米生长季内，各施肥处理 N_2O 共出现两次较大的排放峰，分别出现在施基肥（4 月 25 日）、追肥（6 月 15 日）后，排放通量变化趋势基本一致，即在施肥后 $1\sim2d$ 迅速达到排放峰，随后开始逐渐下降，在作物其余生长阶段，各处理 N_2O 排放通量均维持在较低水平。在整个观测期内，各处理土壤孔隙充水率受灌水及降雨影响出现 4 次峰值，2019 最大值和最小值分别为 79.76％ 和 36.78％，2020 年分别为 70.41％～40.54％。土壤孔隙充水率和 N_2O 变化趋势较为一致，两者之间呈极显著正相关关系（$P<0.01$）。可见，土壤孔隙充水率是春玉米土壤 N_2O 排放的主要控制因子之一。

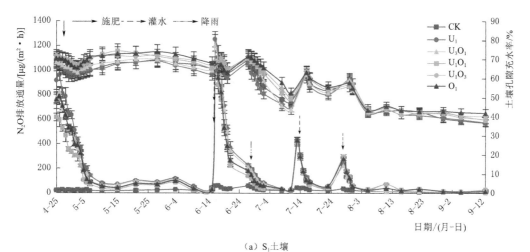

（a）S_1 土壤

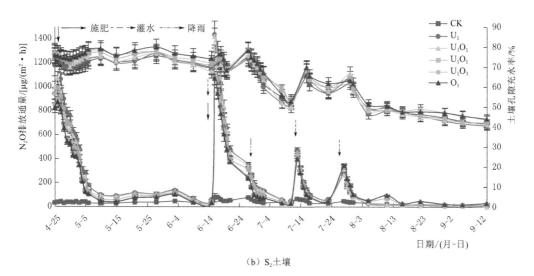

（b）S_2 土壤

图 6.9　2019 年不同处理土壤 N_2O 排放通量

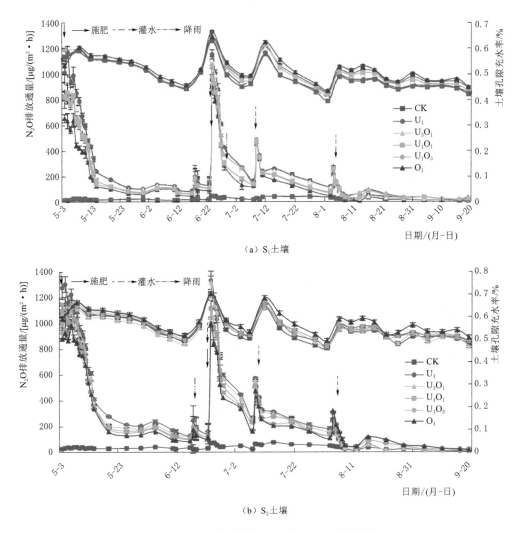

图 6.10　2020 年不同处理土壤 N_2O 排放通量

同一处理 S_2 土壤 N_2O 排放通量明显高于 S_1 土壤，但随着有机肥施入比例的增加呈减缓态势。在 S_1 土壤条件下，各处理在玉米生长前中期表现出有机肥施入比例的增大而 N_2O 排放通量先降后升的趋势，其大小基本表现为 $U_1 > U_3O_1 > O_1 > U_1O_3 > U_1O_1$，而在生育后期施入有机肥比例较大的处理，$N_2O$ 排放通量要高于施入化肥较多的处理。在整个玉米生长季内，2019 年 S_1 土壤 U_1、U_3O_1、U_1O_1、U_1O_3 及 O_1 处理平均排放通量分别为 $297.82\mu g/(m^2 \cdot h)$、$266.90\mu g/(m^2 \cdot h)$、$211.51\mu g/(m^2 \cdot h)$、$247.41\mu g/(m^2 \cdot h)$ 和 $251.10\mu g/(m^2 \cdot h)$，2020 年分别为 $344.64\mu g/(m^2 \cdot h)$、$309.23\mu g/(m^2 \cdot h)$、$239.46\mu g/(m^2 \cdot h)$、$288.83\mu g/(m^2 \cdot h)$ 和 $286.89\mu g/(m^2 \cdot h)$，两年均以 U_1O_1 处理的 N_2O 排放通量最小，且显著低于其余处理（$P < 0.05$）。

在 S_2 土壤条件下，各施肥处理在作物生育前中期表现出有机肥施入比例越大而 N_2O 排放通量越小的趋势，在作物生长后期则呈现出相反态势。2019 年春玉米生长季内，U_1、U_3O_1、U_1O_1、U_1O_3 及 O_1 处理平均排放通量分别达到 364.39μg/(m^2 • h)、336.06μg/(m^2 • h)、310.55μg/(m^2 • h)、278.15μg/(m^2 • h) 和 271.01μg/(m^2 • h)，2020 年分别为 453.56μg/(m^2 • h)、421.67μg/(m^2 • h)、396.85μg/(m^2 • h)、365.21μg/(m^2 • h) 和 353.55μg/(m^2 • h)，均以 O_1 处理最低，与 U_1O_3 处理之间无显著性差异，但显著低于其余处理（$P<0.05$）。

6.4.2 不同程度盐渍化土壤各处理土壤 N_2O 排放总量和排放系数

由表 6.6 和表 6.7 可知，同一处理 S_2 土壤 N_2O 排放总量显著高于 S_1 土壤，2019 年 S_2 土壤 CK、U_1、U_3O_1、U_1O_1、U_1O_3 和 O_1 处理的 N_2O 排放总量较 S_1 土壤分别高出 47.23%、23.97%、26.63%、43.26%、14.78% 和 11.86%，2020 年则分别高出 41.41%、36.20%、39.90%、70.01%、32.37% 和 29.20%。可见，随着土壤盐度的增加，N_2O 排放总量也随之增加。有机无机肥料配施比例对不同土壤盐分条件下 N_2O 排放总量影响各异，在 S_1 土壤条件下，N_2O 排放总量随有机肥施入比例的增加呈先降后升的趋势，以 U_1 处理最大，两年排放总量分别为 4.97kg/hm^2、6.55kg/hm^2，较其余施肥处理显著高出 10.16%～33.50% 和 10.73%～42.06%（$P<0.05$），U_3O_1、U_1O_3 和 O_1 处理之间 N_2O 排放总量差异较小，两年分别较 U_1O_1 处理显著高出 14.64%～21.28% 和 17.43%～42.05%（$P<0.05$）。在 S_2 土壤条件下，两年 U_1 处理 N_2O 排放总量为 6.17kg/hm^2 和 8.92kg/hm^2，各施肥处理之间表现为随着有机肥施入比例的增大而 N_2O 排放总量逐渐减少，两年 O_1 处理 N_2O 排放总量较其余处理显著降低（除与 U_1O_3 处理不显著外）1.98%～28.47% 和 7.78%～27.54%（$P<0.05$）。

该试验 2019 年和 2020 年 S_1 土壤各处理 N_2O 直接排放系数为 1.23%～2.38%（表 6.6 和表 6.7），U_1 处理 N_2O 的排放系数最高，显著高于其他处理（$P<0.05$）；U_3O_1 处理 N_2O 的排放系数与 U_1O_3 及 O_1 处理相似，并显著高于 U_1O_1 处理（$P<0.05$）。S_2 土壤各处理 N_2O 直接排放系数为 1.53%～3.22%，U_1 处理 N_2O 的排放系数显著高于其余处理（$P<0.05$）；U_3O_1 的排放系数与 U_1O_1 处理相似，显著高于 U_1O_3 和 O_1 处理（$P<0.05$）。

表 6.6　**2019 年不同施肥处理条件下土壤 N_2O 排放总量和直接排放系数**

处理	排放总量/(kg/hm^2)		排放系数/%	
	S_1 土壤	S_2 土壤	S_1 土壤	S_2 土壤
CK	0.76e	1.12e	—	—
U_1	4.97a	6.17a	1.76a	2.10a
U_3O_1	4.51b	5.71b	1.56b	1.91b
U_1O_1	3.72d	5.33c	1.23c	1.76b
U_1O_3	4.24c	4.89d	1.46b	1.57c
O_1	4.29c	4.8d	1.47b	1.53c

注　不同小写字母表示不同处理之间差异显著（$P<0.05$），下同。

表 6.7 2020 年不同施肥处理条件下土壤 N_2O 排放总量和直接排放系数

处理	排放总量/(kg/hm²)		排放系数/%	
	S_1 土壤	S_2 土壤	S_1 土壤	S_2 土壤
CK	0.84e	1.19e	—	—
U_1	6.55a	8.92a	2.38a	3.22a
U_3O_1	5.92b	8.28ab	2.11b	2.95b
U_1O_1	4.61d	7.84bc	1.57d	2.77bc
U_1O_3	5.53bc	7.33cd	1.96bc	2.56cd
O_1	5.41c	6.99d	1.91c	2.42d

6.4.3 N_2O 排放通量与各土壤因子的相关性分析

N_2O 排放通量与土壤各环境因子相关性分析见表 6.8 和表 6.9。可以看出，各处理土壤 N_2O 排放通量与 5cm 深度土层土壤温度呈显著负相关关系（$P<0.05$），而与土壤孔隙充水率呈极显著正相关关系（$P<0.01$）。N_2O 排放通量与土壤无机氮含量的相关分析表明，在不同有机无机肥料配施比例下，N_2O 排放通量与土壤 NH_4^+-N 含量之间均存在极显著正相关关系（$P<0.01$）。S_1 土壤条件下，除 U_1O_1 处理 N_2O 排放通量与土壤 NO_3^--N 含量呈显著负相关外，与其余处理均无显著相关性；S_2 土壤条件下，U_1O_3 与 O_1 处理 N_2O 排放通量与土壤 NO_3^--N 含量呈显著负相关关系，与其余处理之间的相关关系并不显著。

表 6.8 N_2O 排放通量与 S_1 土壤环境的相关性

S_1 土壤	U_1	U_3O_1	U_1O_1	U_1O_3	O_1
5cm 深度土层温度	−0.368*	−0.334*	−0.280	−0.337*	−0.343*
土壤孔隙充水率	0.521**	0.514**	0.410**	0.460**	0.405**
NH_4^+-N	0.938**	0.907**	0.807**	0.887**	0.937**
NO_3^--N	−0.031	−0.115	−0.435**	−0.295	−0.208

注 ** 表示在 $P<0.01$ 水平上显著相关；* 表示在 $P<0.05$ 水平上显著相关。

表 6.9 N_2O 排放通量与 S_2 土壤环境的相关性

S_2 土壤	U_1	U_3O_1	U_1O_1	U_1O_3	O_1
5cm 深度土层温度	−0.376*	−0.358*	−0.349*	−0.335*	−0.331*
土壤孔隙充水率	0.514**	0.527**	0.466**	0.440**	0.412**
NH_4^+-N	0.878**	0.816**	0.837**	0.814**	0.870**
NO_3^--N	−0.046	−0.116	−0.229	−0.307*	−0.317*

注 ** 表示在 $P<0.01$ 水平上显著相关；* 表示在 $P<0.05$ 水平上显著相关。

6.5 有机无机氮配施对土壤
硝态氮淋失及残留的影响

农业面源污染已经成为世界上农业领域的严重问题（He 等，2016），硝酸盐淋失是最普遍的面源污染之一，已在全球范围内被广泛证实（Wang 等，2019），大量氮素流失导致生态系统富营养化和水质退化（Zhou 等，2012；Sebilo 等，2013），还会增加人类患癌、水体缺氧和生物多样性丧失的风险（Seitzinger 等，2008）。有学者在我国北方 14 个省调查发现，这 14 个省大多数县的氮肥施用量超过 $500kg/hm^2$，大约有一半地区地下水中硝酸盐含量超过 11.3mg/L（世界卫生组织或欧洲饮用水硝酸盐限量标准）（Zhang 等，1996）。Zhao 等（2011）对华北地区 1139 个地下水井硝酸盐浓度进行测定，发现约 34.1％超过 WHO 标准。此外，Ju 等（2009）在中国北方 600 个地下水实地进行的调查发现，一些地区的浅层地下水硝酸盐浓度已经超过了 274mg/L，且随着时间的推移，地下水硝酸盐污染深度也在逐渐增加（Liu，2015）。本书所述研究区位于河套平原，地下水侧向径流很小，是典型的灌溉（降雨）补给和蒸发消耗型灌区。当地地下水埋深较浅，而饮用水基本都来源于地下水，因此，将硝酸盐浓度控制在限制污染水平以下对人体健康至关重要。此外，灌区农民通常大量施用化肥以提高作物生产力，目前农田化肥用量已超过 60 万 t/a（赵春晓等，2017），当氮肥供过于求时，硝酸盐会在土壤中累积（Vitousek 等，2009），随后在灌溉和强降雨的作用下淋溶至地下水中（Liu，2015），这同时也加重了灌区下游富营养化程度。杜军等（2011）进行的研究表明，河套灌区年土壤残留氮在 17.2 万 t 左右。Feng 等（2005）进行的研究表明，灌区秋浇后地下水硝态氮浓度由 1.73mg/L 增加到 21.6mg/L。冯兆忠等（2005）对沙壕渠施肥区井水硝态氮浓度调查发现，有 65.6％水样的硝态氮浓度超过 WHO 标准。因此，减少氮素淋失是灌区亟待解决的科学问题。

控制硝态氮淋失的关键之一是制定合理的方案抑制土壤剖面中硝态氮的积累（周慧等，2020），使氮素供应在空间和时间上与植物需求更好地同步（周慧等，2020），从而达到提高氮素利用效率及减少氮素损失的风险。基于农业生态学的角度，有机农业被认为是可持续农业文化的典范（周慧等，2020）。研究表明，施用有机肥料具有增加土壤肥力和缓解环境恶化的良好效益，综合前人在有机无机肥料配施对作物产量的影响方面的研究结果，相较单施合成氮肥，配施有机氮肥可以达到稳产或提高作物产量的目标。而施入有机物料对土壤氮素淋失的影响却报道不一。Brown 等（1993）认为，有机种植系统的硝酸盐淋失量低于常规种植系统。Wen 等（2016）研究表明，配施有机肥能有效降低氮素盈余量，从而减少硝态氮淋失。然而也有研究发现，当有机氮作为氮源输入时会导致较高的氮淋失率。这可能是由各地区农田肥力水平、气候条件、施肥水平、有机肥种类等差异而造成的。例如，有机肥施用量会影响土壤活性、有机碳含量和相关土壤性质，并会影响土壤氮素转化过程，进而影响土壤硝酸盐淋失率。因此，针对河套灌区有机无机肥料配施对氮素淋失量的影响还有待进一步研究。

6.5.1 有机无机氮配施对不同程度盐渍化土壤淋溶水硝态氮浓度的影响

6.5.1.1 有机无机氮配施对不同程度盐渍化土壤50cm深度淋溶水硝态氮浓度的影响

随着灌水次数的增加，各处理淋溶水硝态氮浓度呈递减趋势（图6.11）。2018年第一次灌水后 S_1、S_2 土壤硝态氮浓度均出现峰值，S_1 土壤各施肥处理硝态氮浓度为 $27.46 \sim 46.98$mg/L，同一处理 S_2 土壤淋溶水硝态氮浓度明显高于 S_1 土壤，U_1、U_3O_1、U_1O_1、U_1O_3、O_1 处理耕层土壤硝态氮浓度分别较 S_1 土壤高 19.16%、19.70%、46.66%、26.41%、21.11%。随着灌水次数的增加，各施肥处理硝态氮浓度均有所降低，但依然呈

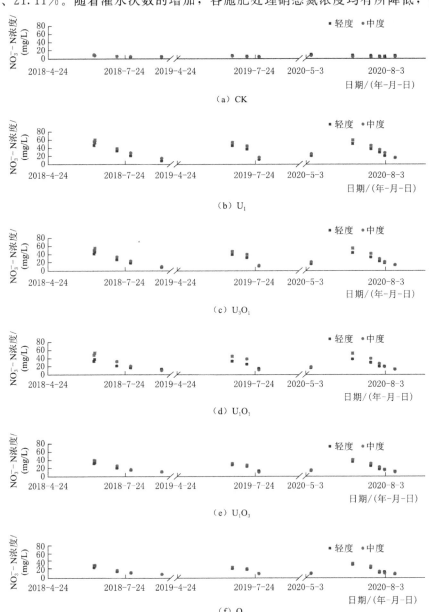

图 6.11 不同施肥处理玉米生育期淋溶水硝态氮浓度

78

现出 S_2 土壤硝态氮浓度较大的规律，至第三次灌水时，S_1、S_2 土壤各施肥处理硝溶液中态氮浓度分别为 $14.21 \sim 21.27 \text{mg/L}$、$15.58 \sim 28.99 \text{mg/L}$。

有机无机肥料配施对不同程度盐渍化土壤淋溶水中硝态氮浓度的影响基本一致。在 S_1 土壤条件下，一水后表现出有机肥施入比例增大淋溶水中硝态氮浓度越小的趋势，耕层土壤 U_1 处理较其余施肥处理显著高出 $8.37\% \sim 71.12\%$（$P < 0.05$）；二水后和三水后依然以 U_1 处理硝态氮浓度最高，较其余处理分别显著（除与 U_3O_1 不显著外）高出 $7.38\% \sim 106.65\%$ 和 $4.34\% \sim 49.68\%$（$P < 0.05$）。与 S_1 土壤相似，一水后、二水后和三水后 S_2 土壤 U_1 处理硝态氮浓度分别较其余处理显著高出 $29.13\% \sim 68.36\%$、$7.93\% \sim 106.67\%$ 和 $9.51\% \sim 152.12\%$（$P < 0.05$）。

与 2018 年规律相似，2019 年和 2020 年各处理硝态氮浓度最大值均出现在第一次灌水后，S_1 土壤数值分别为 $31.33 \sim 54.21 \text{mg/L}$ 和 29.55mg/L 和 50.36mg/L，S_2 土壤数值分别为 $33.47 \sim 60.57 \text{mg/L}$ 和 $36.87 \sim 59.25 \text{mg/L}$ 随后逐渐呈逐渐降低的趋势，至三水时 2 年 S_1 土壤硝态氮浓度分别降低到 $11.87 \sim 14.96 \text{mg/L}$ 和 $16.25 \sim 20.58 \text{mg/L}$，$S_2$ 土壤数值分别为 $11.98 \sim 17.25 \text{mg/L}$ 和 $13.35 \sim 27.91 \text{mg/L}$。同时，$S_1$、$S_2$ 土壤各处理硝态氮浓度也表现出有机肥施入比率越大，硝态氮淋溶浓度越小的趋势。

6.5.1.2　有机无机氮配施对不同程度盐渍化土壤 40cm、80cm 深度淋溶水硝态氮浓度的影响

随着灌水次数及土层深度的增加，各处理淋溶水硝态氮浓度呈递减趋势（图 6.12）。第一次灌水后 S_1、S_2 土壤硝态氮浓度均出现峰值，S_1 各施肥处理耕层土壤（$0 \sim 40 \text{cm}$ 深度）硝态氮浓度为 $36.46 \sim 51.98 \text{mg/L}$，深层土壤（$40 \sim 80 \text{cm}$ 深度）为 $20.26 \sim 30.62 \text{mg/L}$，同一处理 S_2 土壤淋溶水硝态氮浓度明显高于 S_1 土壤，U_1、U_3O_1、U_1O_1、U_1O_3、O_1 处理耕层土壤硝态氮浓度分别较 S_1 土壤高 7.87%、20.49%、22.21%、16.98%、21.00%，较深层土壤分别高出 15.50%、13.16%、26.57%、17.63%、22.07%。随着灌水次数的增加，各施肥处理硝态氮浓度均有所降低，但依然呈现出 S_2 土壤硝态氮浓度较大的规律，至第三次灌水时，S_1、S_2 耕层土壤硝态氮浓度分别为 $14.21 \sim 17.39 \text{mg/L}$、$17.14 \sim 22.68 \text{mg/L}$，深层土壤分别为 $9.69 \sim 16.68 \text{mg/L}$ 及 $12.56 \sim 20.54 \text{mg/L}$。

有机无机肥料配施对不同程度盐渍化土壤淋溶水硝态氮浓度的影响基本一致。在 S_1 土壤条件下，一水后表现出有机肥施入比例增大淋溶水中硝态氮浓度越小的趋势，耕层土壤 U_1 处理较其余施肥处理显著高出 $15.87\% \sim 42.59\%$（$P < 0.05$）；二水后，各处理耕层土壤之间差距有所减小，但依然以 U_1 处理硝态氮浓度最高，较其余处理显著（除与 U_3O_1 不显著外）高出 $7.27\% \sim 30.23\%$；三水后耕层土壤呈现出有机肥施入比例增大淋溶水中硝态氮浓度先增后减的趋势，以 U_1O_1 处理最大，较其余处理显著（除与 U_1O_3 不显著外）高出 $5.09\% \sim 28.57\%$（$P < 0.05$）。深层土壤则一直表现出有机肥施入比例越大硝态氮浓度越小的态势，一水至三水后 U_1 处理淋溶水硝态氮浓度分别较其余处理高出 $5.88\% \sim 51.17\%$、$10.49\% \sim 63.64\%$ 及 $8.20\% \sim 72.14\%$。

与 S_1 土壤相似，一水后和二水后 S_2 耕层土壤 U_1 处理硝态氮浓度分别较其余处理显著（除与 U_1O_3 不显著外）高出 $3.72\% \sim 27.11\%$、$7.11\% \sim 28.40\%$（$P < 0.05$），而在

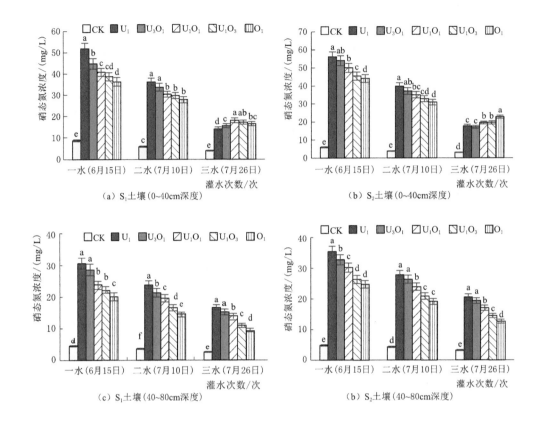

图 6.12　不同施肥处理玉米生育期淋溶水硝态氮浓度

三水后呈现出无机肥施入比例增大淋溶水中硝态氮浓度逐渐减小的趋势，O_1 处理较其余处理显著高出 15.95%～28.64%（$P<0.05$）。深层土壤一水至三水后 U_1 处理淋溶水硝态氮浓度分别较其余处理高出 8.05%～43.01%、5.54%～45.56%、6.20%～63.66%。

6.5.2　有机无机氮配施对不同程度盐渍化土壤硝态氮淋失量的影响

6.5.2.1　有机无机氮配施对不同程度盐渍化土壤 50cm 深度硝态氮淋失量的影响

土壤硝态氮淋失量由淋溶水中硝态氮浓度和渗漏计收集到的淋溶水量求得（图 6.13）。可以看出，土壤盐分增加会增大氮素淋失量，同一处理，S_2 土壤硝态氮淋失量较 S_1 土壤分别高出 36.93%～64.84%（3 年均值）。此外，施氮会显著增加硝态氮淋失量，S_1、S_2 土壤各施氮处理硝态氮淋失量较 CK 处理显著高出 138.66%～317.35% 和 373.63%～683.23%（3 年均值，$P<0.05$）。

S_1、S_2 土壤均表现出有机氮施入比例增加硝态氮淋失量减少的趋势。2018 年 S_1 土壤以 U_1 处理硝态氮淋失量最大，为 21.87kg/hm²，较其余施氮处理显著高出 25.00%～97.54%（$P<0.05$）；S_2 土壤 U_1 处理硝态氮淋失量达到 27.77kg/hm²，较其他施氮处理显著高出 12.53%～58.75%（$P<0.05$）。2019 年和 2020 年 S_1 土壤也均以 U_1 处理硝态氮淋失量最大，分别为 21.63kg/hm² 和 23.13kg/hm²，较其他处理分别显著高出 11.59%～

70.86％和 10.19％～59.45％（$P<0.05$）。S_2 土壤 U_1 处理 2019 年、2020 年硝态氮淋失量分别为 32.17kg/hm²、31.24kg/hm²，较其余施氮处理分别显著高出 7.65％～69.63％（除与 U_3O_1 不显著，$P<0.05$）和 8.38％～66.10％（$P<0.05$）。

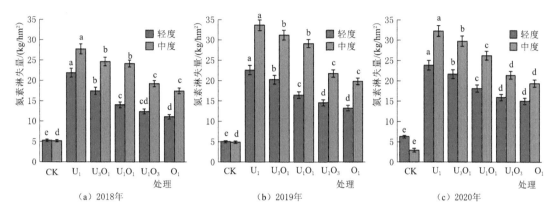

图 6.13　不同施肥处理玉米生育期硝态氮淋失量

6.5.2.2　有机无机氮配施对不同程度盐渍化土壤 100cm 深度硝态氮淋失量的影响

农学专家指出，当氮素淋溶出根系层范围即为淋溶损失。玉米生长季内主要根系层在 0～80cm 埋深内，故将播前及收获后土壤 80～120cm 埋深内硝态氮浓度差值看作硝态氮淋失量（表 6.10）。可以看出，S_2 土壤各处理播前及收获后土壤硝态氮浓度增加量明显高于 S_1 土壤，说明高盐分土壤会促使氮素向深层淋洗，加大氮素淋失风险。两种盐渍化土壤中，各施肥处理硝态氮淋失量均显著高于 CK 处理，表明施肥是造成氮素淋失的重要原因。有机无机肥料配施对不同盐分土壤氮素淋失量的影响基本一致，均表现出有机肥施入比例越大硝态氮淋失量越小的趋势，S_1 土壤各施肥处理硝态氮淋失量为 5.13～13.77kg/hm²，单施有机肥处理较其他处理显著降低 16.56％～168.44％（$P<0.05$）；S_2 土壤各处理硝态氮淋失量为 9.00～19.82kg/hm²，O_1 处理较其余处理显著降低 30.38％～120.23％。这说明在玉米生育期内增大有机肥施入比例可抑制硝态氮向深层渗漏，减少损失。

表 6.10　　　　生育期不同施肥处理土壤剖面 NO_3^--N 损失量

盐渍化程度	处理	播前硝态氮浓度/(mg/kg)	收获后硝态氮浓度/(mg/kg)	硝态氮淋失量/(kg/hm²)
	CK	8.82	9.14	0.72d
	U_1	8.67	10.95	13.77a
轻度	U_3O_1	9.12	10.85	12.87a
（S_1 土壤）	U_1O_1	8.99	10.41	8.58b
	U_1O_3	9.36	10.35	5.98c
	O_1	9.01	9.86	5.13c

续表

盐渍化程度	处理	播前硝态氮浓度 /（mg/kg）	收获后硝态氮浓度 /（mg/kg）	硝态氮淋失量 /（kg/hm²）
中度 （S₂ 土壤）	CK	11.58	11.75	1.03e
	U_1	11.02	14.28	19.82a
	U_3O_1	10.95	13.61	18.60a
	U_1O_1	11.22	13.15	15.38b
	U_1O_3	10.85	12.38	11.73c
	O_1	11.54	12.62	9.00d

注 不同小写字母表示不同处理之间差异显著（$P<0.05$）。

6.5.3 有机无机氮配施对不同程度盐渍化土壤秋浇后硝态氮淋失量的影响

秋浇是河套灌区传统的秋后淋盐、春季保墒的一种特殊灌溉制度，是于作物收获后进行的一次非生长季灌溉，此时期进行灌溉，硝态氮更易淋失到土壤深层，这些硝态氮含量降低的土层称为硝态氮淋失层，与生育期硝态氮损失量相比，秋浇后损失量显著增大。S_1 土壤损失量为 34.83～39.77kg/hm²，以 U_1O_1 处理淋失总量最小，较单施化肥显著降低，但与其余处理无显著差异（$P>0.05$）；S_2 土壤损失量为 30.29～33.14kg/hm²，以 U_1O_3 处理淋失总量最小，显著低于其他处理（$P<0.05$），损失量见表 6.11。

表 6.11 秋浇后不同施肥处理土壤剖面 $NO_3^- - N$ 损失量 单位：kg/hm²

盐渍化程度	土壤剖面	处理					
		CK	U_1	U_3O_1	U_1O_1	U_1O_3	O_1
轻度 （S₁ 土壤）	0～20cm 深度	8.60c	14.42b	13.78b	19.03a	18.47a	18.22a
	20～40cm 深度	6.70d	19.93a	18.51b	9.65c	10.73c	10.65c
	40～60cm 深度	6.47d	11.80a	7.92b	7.11c	6.26cd	6.87cd
	60～80cm 深度	1.56d	1.47d	1.50d	2.45c	4.17a	3.81ab
	80～100cm 深度	−0.21a	−7.85f	−5.73e	−3.41d	−2.43c	−1.07b
中度 （S₂ 土壤）	0～20cm 深度	5.34e	6.33d	6.06d	7.89c	8.80b	11.78a
	20～40cm 深度	2.12e	17.17a	13.31b	12.15c	11.79c	9.00d
	40～60cm 深度	2.35d	12.67a	10.55b	8.91c	9.61c	8.97c
	60～80cm 深度	0.94e	14.40a	13.40b	12.92b	8.46c	6.70d
	80～100cm 深度	2.12a	−18.57f	−12.75e	−10.67d	−8.37c	−3.31b

注 不同小写字母表示不同处理之间差异显著（$P<0.05$）。

可以看出，试验区硝态氮淋失层基本发生在 0～80cm 深度土层范围内，80～100cm 深度土层则出现硝态氮累积现象。随着土壤盐分的增加，土壤硝态氮淋失规律表现不一，S_1 土壤各施肥处理硝态氮淋失层主要位于 0～40cm 深度，占淋失（0～80cm 深度）总量的 72.94%～85.84%，而 S_2 土壤在 40～80cm 深度土层也发生较大的硝态氮淋失。从秋浇期淋失总量来看，当有机肥施入比例小于 50% 时，同一处理 S_2 土壤硝态氮淋失量要高

于 S_1 土壤，随着有机肥施入比例的继续增大则呈现出相反的趋势，S_2 土壤 U_1、U_3O_1、U_1O_1、U_1O_3、O_1 处理硝态氮淋失量分别较 S_1 土壤增加 5.44kg/hm²、2.76kg/hm²、6.39kg/hm²、-0.97kg/hm²、-3.10kg/hm²。除 CK 外，盐分升高导致 80～100cm 深度土层硝态氮总量加大，S_2 土壤各施肥处理较 S_1 土壤增加 2.24～10.72kg/hm²。

同一盐渍化程度土壤，随着土层深度的增加，不同施肥处理氮素淋失量表现不一。在 S_1 土壤条件下，0～20cm 深度土层以 U_1O_1 处理淋失量最大，与 U_1O_3、O_1 处理之间无显著性差异，但显著高于其余处理（$P<0.05$）；20～40cm 及 40～60cm 深度土层均以 U_1 处理淋失量最大，分别较其余施肥处理显著高出 1.42～10.28kg/hm²、3.88～5.54kg/hm²（$P<0.05$）。60～80cm 深度土层表现为 U_1O_3、O_1 处理硝态氮淋失量显著高于其余处理（$P<0.05$）。80～100cm 深度土层则以单施无机肥硝态氮增加量最大，较其他处理显高出 2.12～6.78kg/hm²（$P<0.05$）。在 S_2 土壤条件下，0～20cm 深度土层以 O_1 处理淋失量最大，较其余处理显著高出 2.98～5.45kg/hm²（$P<0.05$）。20～40cm、40～60cm 及 60～80cm 深度土层均以 U_1 处理淋失量最大，分别较其余处理显著高出 3.86～8.17kg/hm²、2.12～3.76kg/hm²、1.00～7.70kg/hm²（$P<0.05$）。而在 80～100cm 深度土层，同样以 U_1 处理硝态氮增加量最大，较其余处理显著高出 5.82～15.26kg/hm²（$P<0.05$）。

6.6 讨　论

6.6.1 有机无机氮配施对土壤氨挥发的影响

本书所述研究结果表明，轻度、中度盐渍化土壤均以单施尿素氨挥发损失量最大，配施有机肥能有效降低氨挥发损失。在轻度盐渍化土壤条件下，有机无机肥料各半配施氨挥发损失较单施尿素显著降低 31.56%（3 年均值），而单施有机肥并不能有效抑制土壤氨挥发。究其原因，主要在于尿素和有机肥发生的反应不同。在土壤脲酶的作用下，尿素被水解成 NH_4HCO_3，随后迅速转化为 NH_4^+-N，为氨挥发提供充足的底物，使纯无机肥处理的氨挥发速率高于其他处理。而有机肥中的有机质在分解过程中，大量有机酸被释放同时形成腐殖质，抑制了尿素水解过程中土壤酸碱度的升高，从而显著抑制土壤氨挥发，且有机肥配施氮肥能够促进土壤微生物活动，将土壤无机氮固定在有机氮库中，减少了产生氨的无机氮的量，进而降低氨挥发损失。而在等氮量条件下，单施有机肥，各种形态的有机氮经过矿化作用转化为 NH_4^+-N，NH_4^+-N 除被作物吸收利用和土壤吸附外，剩余部分大多以氨形态挥发出来（董文旭等，2011），并不能有效降低氨挥发损失。总体来看，中度盐渍化土壤配施 50% 以上有机肥均可显著降低土壤氨挥发损失，且从 3 年均值来看，U_1O_1、U_1O_3、O_1 处理之间氨挥发损失总量并无显著性差异，这可能是在盐分较高时，需要更多有机肥来促进土壤 AOA、AOB 活性，从而促进土壤氮由 NH_4^+-N 向 NO_2^--N 转换，进而减少氨挥发损失。

罗健航等（2015）研究发现，施入基肥后氨挥发速率峰值出现时间为 1～4d，追肥后峰值时间为 1～2d。而本书所述的研究表明，各施肥处理氨挥发速率在施入基肥和追肥后均迅速达到峰值。这可能是由于该试验在施入基肥后土壤有较好的墒情，土壤耕层含水率为 18.35%，促使氮肥能较快被水解，导致耕层土壤内铵态氮含量升高，为氨挥发提供了充足的物质条件。追肥后土壤氨挥发损失量显著高于施入基肥后土壤氨挥发损失量，这是由于在灌水追肥后土壤耕层含水率迅速升高至 24.5%，且此时温度较施入基肥时的 12.6℃增加为 21.4℃，脲酶活性增强，促使氨挥发损失速率较施入基肥后增加，导致追肥后的氨挥发量较施入基肥后明显增加。

有研究表明，土壤氨挥发随着土壤含盐量的增加而加剧，但土壤含盐量对氨挥发总量的影响符合 S 型增长模式，即随着盐含量增加到某一范围以后，氨挥发速率开始缓慢增长甚至保持不变。本书所述研究发现，当土壤电导率为 0.45~1.40dS/m 时，高盐分会促进土壤氨挥发损失，同一处理下中度盐渍化土壤氨挥发损失量明显高于轻度盐渍化土壤，这与前人的研究结果一致。这是因为，适当的盐分会促进土壤铵态氮的硝化，使土壤氮素的硝化速率加快，降低土壤中铵态氮含量从而减少氨挥发损失，随着土壤盐分的增加，土壤中的硝化细菌逐渐受到抑制，铵态氮累积量增加导致氨挥发损失量增加（李建兵等，2008）。本书所述研究表明，土壤电导率随着有机肥施用量的增加呈现出先降后升的趋势，这可能是因为适当增加有机肥料配施比例改善了土壤的理化性状，毛管作用降低，溶于水中的盐分也不易随水蒸发至耕层土壤，但有机肥中除了含有作物所需的氮、磷、钾元素之外，还有许多钙、钠、镁、氯等难以被作物吸收利用的离子，过多施用将会在土壤中累积，从而导致土壤盐分增加。因此，不论是无机肥还是有机肥，施入过多均会导致土壤盐分增加。适度采用有机氮肥替代无机氮肥，相比纯施无机氮可显著降低土壤盐分含量，这间接降低了土壤盐分对氨挥发的促进作用。可见，在盐渍化土壤上，适度采用有机肥替代无机化肥，相比非盐渍化土壤更能降低氨挥发损失，优势更加明显。相关性分析表明，各施肥处理基本与土壤 $NH_4^+ - N$ 呈显著负相关，而与土壤 $NO_3^- - N$ 呈显著负相关关系，这也说明适宜的有机无机氮配施比例可以促进土壤硝化速率，从而减少土壤氨挥发损失。

6.6.2　有机无机氮配施对土壤 N_2O 排放的影响

有研究表明，氮肥施用是促进土壤 N_2O 排放的主要因素（Zhu 等，2006），这与本书所述研究结果一致，两种不同程度的盐渍化土壤各施肥处理在基肥和追肥后均导致 N_2O 大量排放，这是因为所施肥料向土壤提供了大量氮素，为土壤硝化和反硝化作用提供充足底物，从而有利于 N_2O 排放。在本书所述研究中，各有机无机肥料配施处理在施肥初期均出现明显的 N_2O 排放高峰，S_1 土壤各施肥处理在施入基肥（施肥后 12d）和追肥（施肥后 17d）初期 N_2O 累积排放量分别占玉米生长季累积排放量 23.48%~29.46% 和 32.94%~38.43%，S_2 土壤分别为 27.01%~30.07% 和 33.45%~39.00%，表明土壤 N_2O 排放发生在施肥后较短时间内。这主要是因为基肥施入后，植株萌发期对氮素利用较少，土壤中大量无机氮累积，导致 N_2O 大量排放；追肥的同时进行灌溉，且在此期间发生大量降雨，加速了肥料水解，导致追肥后 N_2O 排放峰较放入基肥后更为强烈。

盐渍化土壤中氮素的有效性因盐渍化程度的不同而不同（Zhao 等，2011），研究已指出，土壤无机氮含量随着盐渍化程度的增大而减少（Gandhi 等，1976）。该试验研究结果表明，同一处理中度盐渍化土壤 N_2O 累积排放量显著高于轻度盐渍土，这可能也是导致高盐度土壤氮素更为匮乏的原因之一。本书所述研究发现，有机无机肥料配施比例对不同程度盐渍化土壤 N_2O 排放影响不一。S_1 土壤表现为有机肥施入比例增大 N_2O 排放量先降后升的趋势，其中以有机无机肥料各半配施处理排放量最小。究其原因，可能是因为在盐分较少时，施入适当的有机肥可以改善土壤理化性质，促进土壤微生物对氮素的固持，而在作物生长中后期，微生物的死亡伴随着体内氮素的释放，可以在玉米生长季内更好地满足作物对氮素需求，从而能在相同氮素施用量条件下有效减少氮素向 N_2O 转化（Laura等，1977）。同时，本书所述研究也表明，单施有机肥也可较单施化肥显著降低 N_2O 排放量，一方面是由于有机肥的施入提高了异养硝化的无机过程（徐阳春等，2002）；另一方面，有机肥的施入为反硝化细菌提供能量，促使 N_2O 向 N_2 还原，从而减少 N_2O 排放。在 S_2 盐分条件下，表现为有机肥施入比例增大 N_2O 排放量逐渐减少的趋势。这是因为在高盐环境下，亚硝酸盐氧化菌活性受到抑制，使土壤硝化过程基本停留在亚硝酸盐阶段，延缓了硝化进程，这可能也是高盐土壤环境产生更多 N_2O 的原因。因此，在高盐条件下需要施入大量有机肥以提高土壤微生物活性，从而促进土壤亚硝态氮向硝态氮的转化速率，减少硝化过程中 N_2O 的排放。此外，在高盐条件下 N_2O 还原酶活性会受到抑制，增大有机肥施入比例可能会改善这一情况，有利于减少异养反硝化过程 N_2O 排放量。本书所述研究中，春玉米 N_2O 排放系数为 $1.23\%\sim2.10\%$，较其他非盐渍化地区明显提高，这可能是因为土壤中盐分会促进土壤 N_2O 的排放，同时，河套灌区地下水埋深较浅，生育期内连续的灌溉致使土壤湿度适宜，有利于土壤 N_2O 排放。此外，该试验 CK 处理已连续两年未予施肥，使得产生 N_2O 的底物显著减少，导致计算 N_2O 排放系数的本底值较小。

土壤温度通过影响微生物代谢强度进而改变硝化反硝化过程，有研究表明，通常 N_2O 随着土壤温度的升高而增加（Hou 等，2003）。但在本书所述研究的条件下，各施肥处理 N_2O 通量与土壤温度呈显著负相关关系（$P<0.05$）。究其原因，主要与研究区气候及种植制度有关，该试验区属于干旱地区，春玉米生长季内仅降雨 67.5mm，加之该地区盐渍化程度较为严重，土壤氮素相对匮乏，水氮状况强烈限制土壤 N_2O 排放状况，故土壤温度对 N_2O 排放影响有限。同时，在玉米基肥期及追肥期气温较低，施肥期间的肥料效应对于 N_2O 排放的影响要明显大于土壤温度效应，而进入 7、8 月份气温高峰期时却不再施肥，N_2O 排放量也相应减少，导致土壤温度出现负效应。研究表明，土壤水分及温度通过影响微生物活性、通气状况，进而影响土壤 N_2O 产生过程（郎漫等，2012）。一般来说，$15\sim35$℃ 是硝化作用微生物活动的适宜温度范围，本书所述研究中生育期的大多时间，土壤温度处于这一区间，有利于土壤硝化作用的进行。姚志生等（2006）的研究表明，当土壤孔隙充水率在 75% 之下时，N_2O 排放通量与土壤湿度呈正相关，反之则呈负相关，这与本书所述研究结果基本一致，即当土壤孔隙充水率介于 $36.78\%\sim79.76\%$ 时，春玉米农田土壤 N_2O 排放与土壤孔隙充水率呈极显著正相关关系（$P<0.01$）。

大量试验证明，无论是硝化还是反硝化作用，土壤中的 NH_4^+-N 和 NO_3^--N 含量是限制 N_2O 产生的根本因素（姚志生等，2006）。前人研究表明，土壤中无机氮含量越多，氮素被转化为 N_2O 的概率越大。本书所述研究发现，土壤 N_2O 排放通量与 NH_4^+-N 含量呈极显著正相关关系（$P<0.01$），而与 NO_3^--N 含量呈负相关关系。可见，河套灌区盐渍化玉米农田土壤 NH_4^+-N 对 N_2O 的贡献占主要地位，即硝化作用是产生 N_2O 的主要过程，这与陈哲等（2015）的研究结果基本一致。He 等（2016）的研究表明，施入有机肥可以为氨氧化细菌（AOB）和氨氧化古菌（AOA）提供基质、养分及适宜的环境，

从而有利于土壤硝化作用的进行。此外，有学者发现有机肥处理的土壤 AOB 硝化潜势及 AOB 数量明显高于化学氮肥。因此，对不同程度的盐渍化土壤施入适宜的有机肥均利于土壤氨氧化微生物的生存，从而加快土壤 $NH_4^+ - N$ 向 $NO_3^- - N$ 的转化速率，缩短土壤硝化过程，可以有效减少硝化过程中的 N_2O 排放量。

6.6.3　有机无机氮配施对土壤 $NO_3^- - N$ 淋失的影响

合理的有机无机肥料配施比例，是提高氮肥利用率、实现 2020 年化肥用量零增长的关键之一。本书所述研究结果显示，轻度盐渍化土壤以有机无机肥料各半配施处理氮素利用效率最高，中度盐渍化土壤则呈现出有机肥施入比例越大氮素利用效率越高的趋势，原因在于：盐分较低时，盐度对作物生长抑制较小，在玉米生长前期需要无机肥供应适量的无机氮以满足其发育所需，但过量施入无机肥又会造成浪费，因此，施用有机肥来替代部分无机肥可以减少前期矿质氮过量累积造成的挥发、淋洗等损失，进入作物生育后期，有机肥持续矿化又能稳定地释放无机氮以供作物吸收利用；在盐度较高的条件下，盐分会影响植物正常的营养吸收，抑制其生长，过量施入的无机肥并不能被作物有效吸收，且本书所述研究发现，盐分显著降低了无机肥的有效性，导致有机肥和无机肥所产生的土壤矿质氮含量在生育前期并无显著性差异，而在生育中后期呈现出有机肥施入比例越大土壤矿质氮含量越多的态势。有机肥中大量疏松的有机物质可以降低土壤压实指数，改善土壤结构，易于盐分淋洗的同时还能抑制盐分随水分蒸发而产生表聚效应，从而可以起到降低土壤盐分的作用，促进作物对养分的吸收，这也可能是本书所述研究中中度盐渍化土壤中增加有机肥施入比例对于提高肥料利用效率更具明显优势的原因。研究表明，玉米在生育前期氮素积累量较少，在生育中后期出现氮素吸收高峰，本书所述研究中，两种盐分条件下配施 50% 以上有机肥处理土壤矿质氮含量在作物生育后期显著高于施入无机肥比例较大的处理，这也是配施有机肥可以提高肥料利用效率的重要原因之一。

该试验结果显示，两种盐分条件下增大有机肥施入比例均可以增加耕层土壤硝态氮残留量，并控制其向深层土壤淋失，这可能是因为施入有机肥能够增加土壤活性有机碳含量和团聚体粒径，提高阳离子代换量，增加对硝态氮的固持作用（He 等，2016）。本书所述研究发现，轻度盐渍化土壤以 U_1O_1 处理耕层土壤硝态氮残留量最大，这一结果可能源于前期无机肥较快的矿化速率能及时供应足量无机氮，有机肥分解的氮素易被微生物利用而固定在其体内，到了作物生长后期，微生物的死亡伴随着固持在其体内的氮素的释放，加上有机肥自身也释放了矿质氮。中度盐渍土则以 O_1 处理硝态氮残留量较大，这可能是因为盐分过高会抑制土壤微生物的活性，施入高量有机肥可以增加土壤微生物含量及提高土壤酶活性，为有机氮素矿化创造较好的环境条件，并增加土壤对氮素的固持量，有利于后期氮素的释放。

干旱地区硝化作用较强，存在于土壤中的氮素主要以硝态氮为主。在灌溉和降雨作用下，土壤硝态氮极易随土壤水向下迁移，对地下水污染构成潜在威胁。大量施用氮肥会造成土壤硝态氮残留累积。不同有机无机肥料配施比例对盐渍化土壤会产生不同的供氮机制，故对氮素淋溶损失也会产生不同影响。本书所述研究结果表明，在灌溉作用下，轻度、中度盐渍化土壤玉米生长期均表现出尿素氮施入比例越大淋溶水硝态氮浓度越大的趋势，部分原因是化肥具有肥效快的特点，养分不能被作物充分吸收而随灌溉水向土壤深层迁移，导致淋溶水硝态氮浓度较大。而施入有机肥能够增加土壤活性有机碳含量和团聚体粒径，提高阳离子代换量，增加对硝态氮的固持作用（He等，2016），使较多氮素存于耕层土壤，而玉米根系层也主要位于耕层，故有利于作物对氮素的吸收而减少其淋失量。同时，配施有机肥为土壤微生物增殖生长提供了营养元素，在作物生长初期需氮不多的情况下，施入有机肥增加了微生物活性，使更多无机氮被固定并得以保存，当作物需氮较多且土壤碳、氮源缺乏时，微生物前期固定的氮被释放，实现氮肥供应和作物氮需求时间上的同步，从而减少氮素淋失。

6.7　本　章　小　结

施氮在保证粮食安全方面起着关键作用，但由此产生氮的气态损失以及硝态氮淋失也严重威胁协着生态环境。因此，在生产实践中探索兼顾产量和环境的施肥模式是农业可持续发展的必然要求。本章从土壤氨挥发、N_2O 排放和硝态氮淋溶几个方面探讨了有机无机氮配施对环境效应的影响。主要得到以下结论：

（1）土壤氨挥发速率与土壤 NH_4^+-N 含量极显著相关（$P<0.01$）。中度盐渍化土壤各处理 NH_4^+-N 含量明显高于轻度盐渍化土壤，而 NH_4^+-N 下降速率减小，导致中度盐渍化土壤氨挥发损失量显著高于轻度盐渍化土壤（$P<0.05$）。配施有机氮可以促进土壤硝化过程，降低土壤 NH_4^+-N 含量，进而降低土壤氨挥发损失。轻度盐渍化土壤以有机氮替代 50％无机氮处理氨挥发损失量最小；中度盐渍化土壤配施 50％以上有机氮处理之间氨挥发损失量没有显著差异，但均显著低于其他处理（$P<0.05$）。

（2）研究区土壤 N_2O 排放主要产生在硝化过程中。中度盐渍化土壤 NO_3^--N 含量显著低于轻度盐渍化土壤，意味着高盐分会提高氮素在硝化过程中的损失，导致 N_2O 排放量显著高于轻度盐渍化土壤。配施有机氮可以提高土壤 NO_3^--N 含量，因而减少了土壤 N_2O 排放。轻度、中度盐渍化土壤分别以有机氮替代 50％无机氮和有机氮替代 100％无机氮处理的 N_2O 累积排放量最小。

（3）盐分增加会抑制作物对氮素的吸收，从而促进氮素向深层运移；配施有机肥具有保肥作用，在玉米生长季内减少硝态氮向深层淋溶，显著增加耕层土壤硝态氮含量。

（4）盐分胁迫会抑制作物氮素吸收利用，加大了氮素的淋失风险，本书所述研究中，中度盐渍化土壤淋溶水硝态氮浓度及硝态氮淋失量均显著高于轻度盐渍化土壤（$P<0.05$）。配施有机氮可以提高土壤对硝态氮的固持作用，进而减少淋溶损失，轻度、中度盐渍化土壤均以有机氮替代 100％无机氮处理的硝态氮淋失量最低。

（5）就有机无机氮配施对土壤氨挥发、N_2O 排放和硝态氮淋溶的角度进行综合评判，可知在施氮总量为 $240kg/hm^2$ 时，灌区轻度盐渍化土壤有机氮替代 50％无机氮、中度盐渍化土壤以有机氮替代 100％无机氮处理可以获得较好的环境效益。

第7章 有机无机氮配施对不同程度盐渍化土壤氮素转化相关微生物丰度及功能的影响

根据第 3～6 章的研究可知，合理的有机无机氮配施可以产生良好的供氮特性，满足玉米对氮素的需求规律，从而提高玉米对水氮的吸收利用效率，最终达到"增产减排"的效果。而氮素转化过程与土壤根际微环境密不可分，因此，本章从土壤微生物学角度揭示有机无机氮配施条件下土壤氮素转化机理。

土壤微生物是氮素循环的驱动者，微生物量碳、氮被认为是植物生长可利用养分的重要来源，在一定程度上可反映作物对养分的吸收利用与生长发育状况。了解有机无机氮配施对土壤微生物量碳、氮及微生物活性，对于盐渍化土壤质量的提升和维持其可持续生产力有重要现实意义。

氮循环是基于含氮化合物的氧化还原转化过程，包括氨氧化、硝酸盐和亚硝酸盐还原为 N_2O 和 N_2。土壤微生物参与了土壤氮循环过程，调控着土壤的肥力和可持续生产力。氨氧化细菌（AOB）和氨氧化古菌（AOA）不仅将氨氧化为亚硝酸盐或硝酸盐，更直接影响作物对氮素的吸收利用。反硝化微生物（nirK、nirS 和 nosZ）则在氮素脱硝过程起着关键作用，决定着土壤反硝化作用能否彻底进行（最终还原为 N_2）。本章从土壤微生物量碳、氮及微生物活性、硝化和反硝化微生物丰度及其功能等角度揭示有机无机氮配施在不同程度盐渍化土壤中的氮素转化机制，可为盐渍化玉米农田土壤氮素管理提供科学依据。

7.1 测定指标与方法

（1）土壤取样在 2020 年 7 月 5 日进行，于玉米拔节期，在每个小区的行间以 S 形取 0～20cm 深度土样 5 钻，用四分法取约 1kg 装入封口袋内。带回室内过 2mm 筛，分两部分储存，一部分放在 −20℃冰箱里储存，用于硝化和反硝化功能基因分子定量试验；另一部分储存于 −4℃冰箱，用于培养试验和土壤理化性状的测定。

（2）在各小区内放置 2 根 PVC 管（直径 20cm），分别置于株间（用于测定土壤全呼吸速率，高 10cm，嵌入土壤 5cm）和裸地（用于测定土壤异养呼吸速率）。裸地布置前清理其中可见根系，PVC 管高 50cm，嵌入土壤 45cm，在管壁四周钻孔（从管口 5cm 处向下钻孔），试验期间保证管内无活体植物。使用 Li−8100 土壤碳通量自动测量系统测定土壤全呼吸速率 $[R_s, \mu mol/(m^2 \cdot s)]$ 和土壤异养呼吸速率 $[R_M, \mu mol/(m^2 \cdot s)]$，土壤全呼吸速率与土壤异养呼吸速率的差值为土壤自养呼吸速率 $[R_{ts}, \mu mol/(m^2 \cdot s)]$。由于有机肥肥效较慢，故于连续施肥的第二年（2019 年）春玉米苗期（5 月 21 日）、拔节期

（6 月 20 日）、抽雄期（7 月 11 日）、灌浆期（8 月 5 日）及成熟期（9 月 5 日）各观测 1 次，每次测量在 10：00—14：00 之间完成。土壤温度由 Li－8100 碳通量自动测量系统自带的土壤温度探针测定（10cm）。

（3）硝化潜势（Nitrification Potential，NP）和恢复硝化强度（Recovered nitrification potential，RNP）参考 Taylor 等（2012）的方法。其中硝化潜势测定方法为：称取 5g 土壤鲜样，将其加入 50mL 液体培养基（1.5m mol/L NH_4^+），以 180r/min，在 30℃下恒温振荡 48h，期间共 5 次采样（分别于振荡 6h、12h、24h、36h 和 48h 后），每次吸取 4mL，后将所取悬浮液离心 10min，采用流动分析仪测定上清液硝态氮和亚硝态氮浓度，用单位时间内产生的 NO_3^-－N 和 NO_2^-－N 总量来表征土壤硝化势。

RNP 具体测定方法为：称取两组 5g 土壤鲜样，分别加入两组 120mL 培养瓶中，将 1.5m 浓度为 mol/L NH_4^+ 液体培养基注入 50mL，然后将体积比为 0.025% 的乙炔注入其中，在 30℃下恒温振荡 6h 后抽去乙炔。其中一组添加浓度为 800μg/mL 的卡那霉素（Kanamycin）和浓度为 200μg/mL 的大观霉素（Spectinomycin）来抑制 AOB 中 AMO 的合成。每间隔 12h 测一次硝化势，共测 4 次。其中添加抑制剂测的是 AOA 的硝化势（RNP_{AOA}），另一组则为总的硝化势（RNP_{Total}），AOB 的硝化势（RNP_{AOB}）为 RNP_{Total}－RNP_{AOA}。

（4）反硝化能力测定参考 Šimek 等（1998）的方法，具体为：取两份 10g 鲜土，分别放入两组培养瓶（120mL）中，随后加入浓度为 10mmol/L 的 KNO 溶液 4mL，加盖密封后用氦气反复冲洗 4 次，并在其中一组培养瓶中注入 10mL 乙炔（另一组则不注入）进行培养，用装有少量水、没有活塞的注射器插入瓶塞，来平衡注乙炔的培养瓶内的气压。在培养 24h 和 48h 后，从 2 组培养瓶中各抽取 5mL 气体，并用气相色谱仪（型号 GC－7890A）测定 N_2O 和 CO_2 浓度。反硝化能力由添加乙炔的培养瓶 N_2O 气体变化率来表征，代表反硝化总量（N_2O+N_2）产生率；反硝化过程 N_2O 排放率则由另一组培养瓶中的 N_2O 气体变化量表征。

（5）DNA 提取，通过土壤 DNA 提取试剂盒（Fast DNA SPIN Kit for Soil，美国 Q－BIO gene 公司生产），提取过程参考试剂盒说明书，提取的 DNA 分别采用 Qubit 和 1% 的琼脂糖凝胶检测质量后，保存在 -20℃ 冰箱中用于后续分析。

（6）选择 A26F（5′－GACTACATMTTCTAYACWGAYTGGGC－3′）/A416R（5′－GGKGTCATRTATGGWGGYAAYGTTGG－3′）、amoA－1F（5′－GGGGTTTCTACTGGTGGT－3′）/amoA－2R（5′－CCCCTCKGSAAAGCCTTCTTC－3′）、$F_{1a}Cu$（5′－ATCATGGTSCTGCCGCG－3′）/R_3Cu（5′－GCCTCGATCAGRTTGTGGTT－3′）、cd3af（5′－GTSAACGTSAAGGARACSGG－3′）/R3cd（5′－GASTTCGGRTGSGTCTTGA－3′）、nosZ－F（5′－CGYTGTTCMTCGACAGCCAG－3′）/nosZ－R（5′－CGSACCTTSTTGCCSTYGCG－3′）为引物，分别扩增 Arch－amoA、Bac－amoA、nirK、nirS 和 nosZ。PCR 反应体系包括 10μL 2×SYBR Premixture、10μmol/L 前后引物各 0.4μL 以及稀释后的 DNA 模板 2μL，最终用二次蒸馏水（ddH_2O）补齐至 20μL。硝化反硝化基因标准曲线的 R^2 值均达到 0.99 以上，扩增效率在 92%～99%。

（7）Q_{10} 值计算方法为

$$Q_{10} = e^{10b} \qquad (7.1)$$

式中：Q_{10} 值为土壤温度敏感性系数，即土壤温度每升高 10℃，土壤呼吸速率变为未增温前呼吸速率的倍数；b 为土壤呼吸与温度单因素指数曲线模型 $R_s = ae^{bt}$ 中的温度反应常数（R_s 为土壤全呼吸速率，a 为温度是 0℃ 时的土壤呼吸速率，b 为温度反应常数，t 为时间，单位为 s）；e 为自然数，取值为 2.718。具体方法是，将 2019 年 5—9 月土壤呼吸速率及相对应的土壤温度进行指数分布曲线回归，将所得的 b 值代入公式（7.1）即可计算出各水平的 Q_{10} 值[34]。

微生物量碳、氮及微生物代谢熵计算方法为

$$MBC(MBN) = \frac{40 \times [C(N)_{熏蒸} - C(N)_{未熏蒸}]}{K_E \times 鲜重/(1 + 土壤含水率)} \qquad (7.2)$$

$$q_{co_2} = MR/MBC \qquad (7.3)$$

式中：MBC（MBN）为微生物量碳（氮），$\mu g/g$；$C(N)_{熏蒸}$、$C(N)_{未熏蒸}$ 分别为氯仿熏蒸和未熏蒸土壤提取液中的全碳（全氮）浓度，$\mu g/g$；K_E 为转换系数，取值为 0.45[33]；q_{co_2} 为微生物代谢熵；MR 为微生物呼吸。

公式（7.2）计算结果为每单位干土所含微生物量碳（微生物量氮）的量（$\mu g/g$）。

（8）同一采样时间不同有机无机肥料配施对土壤各指标的影响采用单因素方差分析（one - way ANOVA）的方法，施氮处理和采样时间对土壤呼吸、土壤微生物量、土壤温度、土壤含水率、土壤 EC 和土壤 pH 值的影响采用重复测量方差分析的方法，土壤微生物指标与环境因子的关系采用 Pearson 相关性分析的方法，并采用一般线性回归分析的方法分析土壤呼吸通量与土壤温度和湿度的关系。

7.2 有机无机氮配施对土壤微生物量碳、氮及土壤呼吸的影响

7.2.1 有机无机氮配施对土壤理化性质的影响

从表 7.1 可以看出，有机无机肥料配施对不同程度盐渍化土壤的土壤温度、土壤含水

表 7.1　2019 年不同施肥处理条件下土壤温度、电导率、pH 值及矿质氮动态变化

生育期	处理	土壤温度/℃		含水率/%		电导率/(dS/m)		pH 值		矿质氮/(mg/kg)	
		S_1 土壤	S_2 土壤	S_1 土壤	S_2 土壤	S_1 土壤	S_2 土壤	S_1 土壤	S_2 土壤	S_1 土壤	S_2 土壤
苗期	CK	13.20ab	13.60a	25.21ab	25.78ab	0.61a	1.10a	7.52a	8.00a	17.33e	10.66c
	U_1	12.80ab	12.70ab	25.23ab	25.56ab	0.64a	1.19a	7.50a	7.76a	79.64a	57.46b
	$U_3 O_1$	13.90a	13.40a	25.85ab	26.27ab	0.61a	1.21a	7.68a	7.70a	71.77b	59.57b
	$U_1 O_1$	13.10a	12.20ab	26.99a	26.84a	0.60a	1.18a	7.81a	7.90a	71.99b	58.99b
	$U_1 O_3$	12.90ab	13.40a	26.31a	27.13a	0.61a	1.11a	7.70a	7.87a	68.46bc	67.51a
	O_1	14.00a	13.80a	26.93a	27.52a	0.59a	1.12a	7.90a	8.10a	59.44d	70.47a

续表

生育期	处理	土壤温度/℃		含水率/%		电导率/(dS/m)		pH 值		矿质氮/(mg/kg)	
		S_1 土壤	S_2 土壤	S_1 土壤	S_2 土壤	S_1 土壤	S_2 土壤	S_1 土壤	S_2 土壤	S_1 土壤	S_2 土壤
拔节期	CK	22.30a	23.30a	23.05ab	23.89ab	0.44a	1.00a	7.70a	8.10a	21.89e	21.53c
	U_1	21.40a	21.70ab	22.26ab	23.69ab	0.45a	1.02a	7.80a	8.00a	73.04a	50.05a
	U_3O_1	22.20a	22.20ab	23.98a	23.69ab	0.42a	1.08a	7.70a	8.00a	60.77b	43.23b
	U_1O_1	22.00a	23.90a	24.01a	24.01ab	0.48a	0.99a	8.10a	7.90a	57.18bc	47.90ab
	U_1O_3	21.80a	21.40ab	23.71a	25.39a	0.43a	0.97a	8.00a	8.20a	56.73bc	51.38a
	O_1	22.40a	23.50a	23.26ab	25.24a	0.40a	0.95a	8.10a	8.20a	44.34d	52.20a
抽雄期	CK	29.60a	30.00a	17.70ab	18.24a	0.62a	1.30a	7.90a	8.30a	17.21d	13.58d
	U_1	28.10b	28.80ab	17.54ab	18.03a	0.64a	1.31a	8.00a	8.20a	60.21c	52.74c
	U_3O_1	29.30a	29.30ab	17.12ab	17.53ab	0.62a	1.29a	7.91a	8.20a	60.61c	51.95c
	U_1O_1	29.10a	30.30a	18.12a	18.64a	0.60a	1.21a	8.10a	8.20a	76.43a	55.71ab
	U_1O_3	30.00a	29.90ab	18.78a	18.99a	0.63a	1.22a	8.20a	8.40a	72.32ab	57.36a
	O_1	28.90ab	28.10ab	18.95a	18.83a	0.58ab	1.23a	8.30a	8.22a	69.51b	61.45a
灌浆期	CK	26.40a	26.10a	15.86ab	17.32a	0.78ab	1.35a	7.90ab	8.30a	19.32d	14.32c
	U_1	25.50ab	25.70ab	15.43ab	16.32b	0.90a	1.40a	7.76ab	8.20a	39.07c	33.20b
	U_3O_1	24.90b	24.30b	15.65ab	16.94ab	0.89a	1.37a	8.10a	8.20a	44.03bc	34.18b
	U_1O_1	26.00a	25.90a	16.32a	17.34a	0.87a	1.40a	8.23a	8.30a	53.15a	40.18a
	U_1O_3	25.90a	24.80ab	16.29a	17.53a	0.84a	1.39a	8.40a	8.40a	48.17b	38.33a
	O_1	26.10a	25.10ab	16.01a	18.04a	0.84a	1.39a	8.30a	8.39a	45.26bc	49.43a
成熟期	CK	23.40ab	22.60ab	14.01ab	15.12ab	0.89a	1.56a	8.10a	8.30a	14.21e	9.35d
	U_1	22.50b	23.90a	14.22ab	14.66b	0.91a	1.58a	8.00a	8.42a	26.53d	23.05bc
	U_3O_1	24.00a	21.20b	14.96ab	14.94ab	0.89a	1.60a	8.10a	8.30a	27.34d	23.18bc
	U_1O_1	23.90a	20.80bc	14.69ab	15.02ab	0.91a	1.53a	8.30a	8.40a	41.71a	26.27b
	U_1O_3	23.10ab	23.20a	15.03a	16.17a	0.90a	1.55a	8.40a	8.50a	36.92b	30.59a
	O_1	22.00b	21.60b	15.62a	16.05a	0.89a	1.54a	8.40a	8.64a	33.22bc	30.46a

注 不同小写字母表示在 $P<0.05$ 水平上差异显著，下同。

率、土壤 EC 及 pH 值均没有显著影响。土壤温度呈先升高后降低的趋势，在苗期最低，在拔节期达到最高值；土壤含水率随着生育期的推进逐渐降低，而土壤 EC 基本呈逐渐增加的态势（除拔节期灌水后降低外），土壤 pH 值则在时间上没有明显变化。

有机无机肥料配施对轻度、中度盐渍化土壤的土壤矿质氮含量产生极显著影响（$P<0.01$），轻度盐渍化土壤在玉米生育前期（苗期及拔节期）表现出无机肥施入比例越大土壤矿质氮含量越大的趋势，而在后期以配施 50% 以上有机肥处理的供氮能力较强，其中以 U_1O_1 处理的土壤矿质氮含量最大；中度盐渍化土壤则在整个生育期表现出有机肥施入比例越大土壤矿质氮含量越高的趋势。

7.2.2 有机无机氮配施对土壤微生物量碳氮的影响

从表 7.2 可以发现，施氮促进了生长季 MBC、MBN 的增长，但变化趋势随着盐分水平与有机无机肥料配施比例的不同而有所差异。在整个生育期内，同一处理 S_1 土壤微生物量要明显高于 S_2 土壤，随着有机肥施入比例的增加，两者之间的差异先增后减，生育期内 S_1 土壤平均 MBC、MBN 分别较 S_2 土壤显著高出 12.01%～68.81%、14.31%～58.58%。

随着生育期的推移，S_1、S_2 土壤的 MBC、MBN 均呈现出先升后降的趋势，在拔节期达到最大值，成熟期出现最低值。在 S_1 土壤条件下，土壤微生物量随有机肥施入比例的增加呈现出先升后降的趋势，其中以 U_1O_1 处理最大，土壤平均 MBC、MBN 分别较其余施氮处理显著高出 12.41%～49.56%、5.45%～42.99%（除了土壤 MBN 与 U_1O_3 处理不显著）；S_2 土壤则表现出有机肥施入比例越大土壤 MBC、MBN 越大的趋势，O_1 处理土壤平均 MBC、MBN 分别较其余施氮处理显著高出 11.88%～68.07%、10.14%～48.99%（$P<0.05$）。

可以看出，随着生育期的推移，土壤微生物碳、氮比整体呈增加的态势，S_1 土壤微生物量碳氮比要显著高于 S_2 土壤。说明在同一盐渍化土壤中，各施肥处理对于土壤微生物量碳氮比的改变较为一致。

表 7.2 土壤微生物量碳氮对施氮的响应

生育期	处理	微生物量碳/($\mu g/g$)		微生物量氮/($\mu g/g$)		微生物量碳氮比	
		S_1 土壤	S_2 土壤	S_1 土壤	S_2 土壤	S_1 土壤	S_2 土壤
苗期	CK	331.26d	214.19c	88.77e	67.21e	3.73b	3.19ab
	U_1	478.51c	292.66b	119.33d	90.05d	4.01ab	2.92b
	U_3O_1	543.63ab	331.61b	125.55cd	96.12cd	4.33a	3.14ab
	U_1O_1	600.05a	410.10a	151.22a	109.36bc	3.97ab	3.48a
	U_1O_3	546.52ab	431.55a	145.35a	119.67ab	3.76b	3.80a
	O_1	498.12bc	449.56a	139.14bc	126.54a	3.58b	3.89a
拔节期	CK	361.65d	247.96e	83.29e	63.95c	4.34c	3.88a
	U_1	594.32c	381.55d	135.69d	100.94b	4.38abc	3.48a
	U_3O_1	750.56ab	421.33cd	155.78bc	108.59b	4.82a	3.60a
	U_1O_1	812.57a	472.15bc	183.69a	116.58b	4.42ab	3.79a
	U_1O_3	698.06b	512.18b	172.36ab	128.37a	4.05bc	3.76a
	O_1	618.78c	580.42a	150.19cd	144.22a	4.12bc	3.82a
抽雄期	CK	325.43d	202.92d	77.56d	58.59d	4.20ab	3.46c
	U_1	456.33c	302.07c	100.39c	75.33c	4.55a	3.61bc
	U_3O_1	518.91b	336.17c	115.58b	79.66bc	4.49ab	3.84ab
	U_1O_1	655.46a	429.80b	146.33a	92.33b	4.48ab	4.33a
	U_1O_3	567.40b	454.91b	138.77a	100.22b	4.09b	4.24ab
	O_1	545.18b	525.39a	133.58a	115.58a	4.08b	4.29ab

续表

生育期	处理	微生物量碳/($\mu g/g$)		微生物量氮/($\mu g/g$)		微生物量碳氮比	
		S_1 土壤	S_2 土壤	S_1 土壤	S_2 土壤	S_1 土壤	S_2 土壤
灌浆期	CK	284.44f	195.22d	54.44e	46.54c	5.22a	4.19bc
	U_1	360.23e	265.21c	69.29d	58.16b	5.20b	4.04c
	U_3O_1	452.30d	321.01c	85.27cd	64.33b	5.30a	4.52ab
	U_1O_1	650.40a	400.83b	108.85a	78.54a	5.98a	4.72a
	U_1O_3	587.86b	421.90b	104.57ab	85.22a	5.62a	4.70ab
	O_1	510.78c	488.37a	95.55bc	93.25a	5.35a	4.59ab
成熟期	CK	251.98d	126.83f	38.66c	30.55d	6.52bc	4.15c
	U_1	330.04c	188.90e	44.87c	34.66c	7.36ab	4.58b
	U_3O_1	462.31b	223.63d	60.16b	39.51bc	7.68a	4.90b
	U_1O_1	600.96a	286.24c	81.38a	45.22ab	7.38ab	5.00ab
	U_1O_3	553.19a	328.34b	75.69a	52.33a	7.31ab	5.13a
	O_1	483.93b	360.38a	77.36a	55.48a	6.26c	5.41a

7.2.3 有机无机氮配施对土壤呼吸和微生物代谢熵的影响

从表 7.3 可以发现，土壤盐分的增加会导致土壤呼吸速率显著下降，生育期 S_1 土壤平均全呼吸、自养呼吸、异养呼吸较 S_2 土壤分别高出 11.75% ～ 54.71%、19.68% ～ 51.51%、16.42% ～ 69.24%。

表 7.3 土壤呼吸和微生物代谢熵对施氮的响应

生育期	处理	土壤全呼吸速率 /[$\mu mol/(m^2 \cdot s)$]		土壤自养呼吸速率 /[$\mu mol/(m^2 \cdot s)$]		土壤异养呼吸速率 /[$\mu mol/(m^2 \cdot s)$]		微生物代谢熵	
		S_1 土壤	S_2 土壤	S_1 土壤	S_2 土壤	S_1 土壤	S_2 土壤	S_1 土壤	S_2 土壤
苗期	CK	2.51d	1.73e	0.99c	0.54e	1.52c	1.19d	0.004a	0.006a
	U_1	2.88c	2.12d	1.01c	0.71d	1.87b	1.41c	0.004b	0.005b
	U_3O_1	3.39ab	2.43c	1.24b	0.86c	2.15a	1.57b	0.004b	0.005b
	U_1O_1	3.56a	2.66b	1.33ab	1.03b	2.23a	1.63b	0.004b	0.004c
	U_1O_3	3.23b	2.83ab	1.39a	1.13a	1.84b	1.70ab	0.003c	0.004c
	O_1	3.19b	2.96a	1.29ab	1.16a	1.90b	1.80a	0.004b	0.004c
拔节期	CK	3.05d	2.01f	1.20d	0.80d	1.85e	1.21f	0.005a	0.005a
	U_1	3.56c	2.46e	1.33c	0.94c	2.23d	1.52e	0.004c	0.004c
	U_3O_1	4.23b	2.82d	1.53b	1.19c	2.70bc	1.63d	0.004c	0.004bc
	U_1O_1	4.87a	3.25c	1.69a	1.33b	3.18a	1.92c	0.004bc	0.004bc
	U_1O_3	4.33b	3.57b	1.43bc	1.39ab	2.90b	2.18b	0.004b	0.004b
	O_1	4.15b	3.85a	1.50b	1.42a	2.65c	2.43a	0.004b	0.004b

续表

生育期	处理	土壤全呼吸速率 /[$\mu mol/(m^2 \cdot s)$]		土壤自养呼吸速率 /[$\mu mol/(m^2 \cdot s)$]		土壤异养呼吸速率 /[$\mu mol/(m^2 \cdot s)$]		微生物代谢熵	
		S_1 土壤	S_2 土壤	S_1 土壤	S_2 土壤	S_1 土壤	S_2 土壤	S_1 土壤	S_2 土壤
抽雄期	CK	3.97d	2.33e	1.55d	0.98d	2.42d	1.35d	0.007a	0.007a
	U_1	4.38c	2.88d	1.56d	1.14c	2.82c	1.74c	0.006a	0.006b
	U_3O_1	4.69bc	3.12c	1.72c	1.21c	2.97bc	1.91c	0.006b	0.006b
	U_1O_1	5.58a	3.58b	2.03a	1.41b	3.55a	2.17b	0.005b	0.005c
	U_1O_3	5.01b	3.83b	1.83bc	1.50ab	3.18b	2.33b	0.006b	0.005c
	O_1	4.71bc	4.16a	1.89ab	1.61a	2.82c	2.55a	0.005b	0.005c
灌浆期	CK	3.09d	1.82e	1.22c	0.87e	1.87d	0.95d	0.007a	0.005a
	U_1	3.58c	2.21d	1.35b	1.04cd	2.13c	1.17c	0.006b	0.004b
	U_3O_1	3.61c	2.34c	1.48b	1.09c	2.03c	1.25c	0.004cd	0.004c
	U_1O_1	4.52a	2.57b	1.83a	1.16bc	2.89a	1.41b	0.004d	0.004d
	U_1O_3	4.01b	2.66b	1.82a	1.21b	2.49b	1.45b	0.004d	0.003d
	O_1	3.89bc	3.01a	1.76a	1.33a	2.43b	1.68a	0.005c	0.003d
成熟期	CK	1.88e	1.41d	0.78e	0.62e	1.10e	0.79d	0.004a	0.006a
	U_1	2.33d	1.86c	1.01d	0.76d	1.32e	1.10c	0.004b	0.006b
	U_3O_1	2.81cd	2.08b	1.15c	0.91c	1.66d	1.17c	0.004cd	0.005cd
	U_1O_1	3.51a	2.22b	1.55c	0.93c	2.26a	1.29b	0.004c	0.005cd
	U_1O_3	3.17b	2.60a	1.42b	1.05b	2.05b	1.55a	0.004c	0.005d
	O_1	2.78bc	2.76a	1.49ab	1.13a	1.83c	1.63a	0.004c	0.005

施氮促进了土壤全呼吸、自养呼吸和异养呼吸速率，随着生育期的推移，土壤呼吸呈先升后降的趋势，在抽雄期达到最大值，在成熟期出现最低值。土壤全呼吸、自养呼吸和异养呼吸变化基本一致，在 S_1 土壤条件下，随着有机肥施入比例的增加呈现先增加后降低的趋势，其中以 U_1O_1 处理最大，土壤平均全呼吸、自养呼吸和异养呼吸速率较其余施氮处理分别显著高出 11.59%～31.74%、6.30%～34.66%（除了与 U_1O_3 处理不显著）、13.24%～36.07%（$P < 0.05$）。在 S_2 土壤条件下，则呈现有机肥施入比例增加土壤呼吸速率呈逐渐增加的变化趋势，土壤平均全呼吸、自养呼吸和异养呼吸速率较其余施氮处理分别显著高出 8.07%～45.19%、5.89%～41.49%（除了与 U_1O_3 处理不显著）、9.55%～47.73%（$P < 0.05$）。

该试验中 CK 土壤微生物代谢熵最高（表 7.3），施用无机肥、有机肥或配施处理土壤微生物代谢熵均低于 CK 处理，S_1、S_2 土壤配施有机肥均可以降低土壤微生物代谢熵，说明施肥处理微生物呼吸消耗的碳比较少，增加有机肥施入比例能更有效地利用有机碳并使之转化为生物量碳。

7.2.4　相关性分析

Person 相关性分析表明（表 7.4），在 S_1、S_2 土壤条件下，土壤温度与土壤呼吸均呈显著正相关；土壤湿度与土壤微生物量氮均呈极显著正相关，而与微生物量碳氮比呈极显著负相关；土壤矿质氮含量与土壤呼吸、微生物量碳、氮呈极显著正相关；土壤 pH 值与土壤微生物碳氮比呈极显著负相关；土壤 EC 与土壤呼吸、土壤微生物量碳、氮呈显著负相关，而与微生物量碳氮比呈极显著正相关；土壤呼吸与微生物量碳、氮呈极显著正相关。此外，S_2 土壤 pH 值与土壤微生物量氮呈极显著负相关。

表 7.4　　　　　S_1、S_2 土壤呼吸和代谢与土壤理化性质的相关性分析

土壤	指标	土壤全呼吸速率/[μmol /(m²·s)]	微生物代谢熵	MBC /(μg/g)	MBN /(μg/g)	微生物量碳氮比	温度 /℃	含水率 /%	矿质氮 /(mg/kg)	pH 值
	微生物代谢熵	0.248	1							
	MBC	0.660**	−0.313	1						
	MBN	0.645**	−0.164	0.828**	1					
	微生物量碳氮比	−0.31	−0.098	−0.29	−0.724**	1				
S_1	温度	0.639**	0.503**	0.011	−0.096	0.22	1			
	含水率	0.042	−0.203	0.358	0.720**	−0.873**	−0.605**	1		
	矿质氮	0.576**	−0.056	0.667**	0.779**	−0.477**	−0.066	0.484**	1	
	pH 值	0.286	−0.089	0.235	−0.147	0.602**	0.482**	−0.653**	−0.116	1
	EC	−0.390*	−0.041	−0.422*	−0.766**	0.912**	0.077	−0.785**	−0.436*	0.479**
	微生物代谢熵	−0.286	1							
	MBC	0.892**	−0.649**	1						
	MBN	0.760**	−0.496**	0.872**	1					
	微生物量碳氮比	−0.037	−0.12	−0.057	−0.515**	1				
S_2	温度	0.392*	0.194	0.123	−0.052	0.112	1			
	含水率	0.22	−0.324	0.422*	0.752**	−0.720**	−0.517**	1		
	矿质氮	0.718**	−0.460**	0.775**	0.820**	−0.293	−0.086	0.538**	1	
	pH 值	0.033	0.169	−0.113	−0.484**	0.758**	0.453*	−0.790**	−0.435*	1
	EC	−0.438*	0.281	−0.534**	−0.816**	0.743**	0.063	−0.863**	−0.494**	0.658**

注　*表示 $P < 0.05$，**表示 $P < 0.01$，下同。

7.2.5　土壤呼吸与土壤温湿度的关系

对于 S_1、S_2 土壤，各处理土壤呼吸与土壤温度之间存在显著的指数回归关系（表 7.5），决定系数 R^2 为 0.273～0.602。根据土壤呼吸速率与土壤温度的指数回归方程，可以计算出土壤呼吸温度敏感系数 Q_{10} 值，S_1 土壤 Q_{10} 值为 1.17～1.31，S_2 土壤 Q_{10} 值为 1.15～1.29，敏感性系数较小且各处理之间差异并不显著。一般来讲，土壤呼吸与土壤含水率呈二次函数相关关系，该试验中，通过拟合方程发现，S_1、S_2 各处理土壤呼吸速率与土壤含水率表现为负相关关系，但两者关系不显著（表 7.6）。

表 7.5 土壤呼吸与土壤温度的关系及 Q_{10} 值

处理	S_1 土壤				S_2 土壤			
	指数方程	R^2	P	Q_{10}	指数方程	R^2	P	Q_{10}
CK	$y=1.641e^{0.023x}$	0.273	0.045	1.26	$y=1.260e^{0.016x}$	0.278	0.044	1.18
U_1	$y=1.727e^{0.027x}$	0.558	0.001	1.31	$y=1.836e^{0.010x}$	0.313	0.030	1.11
U_3O_1	$y=2.625e^{0.0156x}$	0.279	0.046	1.17	$y=1.892e^{0.014x}$	0.323	0.027	1.15
U_1O_1	$y=2.595e^{0.023x}$	0.538	0.002	1.26	$y=1.909e^{0.019x}$	0.375	0.015	1.21
U_1O_3	$y=2.365e^{0.023x}$	0.602	0.001	1.25	$y=2.123e^{0.018x}$	0.286	0.040	1.19
O_1	$y=2.053e^{0.025x}$	0.347	0.021	1.28	$y=1.865e^{0.025x}$	0.320	0.028	1.29

表 7.6 土壤呼吸与土壤湿度的关系

处理	S_1 土壤			S_2 土壤		
	二次函数	R^2	P	二次函数	R^2	P
CK	$y=-0.029x_1^2+1.066x_1-7.310$	0.751	0.339	$y=-0.022x_1^2+0.829x_1-6.109$	0.607	0.476
U_1	$y=-0.054x_1^2+2.021x_1-14.927$	0.555	0.823	$y=-0.030x_1^2+1.192x_1-9.330$	0.751	0.069
U_3O_1	$y=-0.062x_1^2+2.427x_1-19.174$	0.455	0.375	$y=-0.030x_1^2+1.2412x_1-9.650$	0.488	0.186
U_1O_1	$y=-0.062x_1^2+2.470x_1-19.134$	0.697	0.986	$y=-0.043x_1^2+1.800x_1-14.967$	0.553	0.111
U_1O_3	$y=-0.067x_1^2+2.635x_1-21.192$	0.776	0.871	$y=-0.056x_1^2+2.361x_1-20.939$	0.500	0.337
O_1	$y=-0.046x_1^2+1.860x_1-14.339$	0.533	0.894	$y=-0.051x_1^2+2.150x_1-18.574$	0.443	0.545

7.2.6 盐分与有机氮施入比例对土壤微生物量碳氮、土壤呼吸的响应关系

通过回归分析得到了土壤微生物量、土壤呼吸在有机肥施入比例与土壤盐分交互作用下的二元二次非线性回归模型（表 7.7），其中 y 为测定项目值，x_1 为有机肥施入比例（%），x_2 为土壤盐分（dS/m）。通过显著性分析得知，各回归模型显著水平均小于 0.05，获得了较好的拟合度。

分析回归方程各系数可知，在本书所述研究条件下（施氮总量 240kg/hm²，土壤 EC 0.59~1.56dS/m），适当增加土壤盐分及有机肥施入比例可以提高土壤微生物量，并促进土壤呼吸，过高的土壤盐分则会减少土壤微生物量，抑制土壤呼吸。可以看出，在不同盐分水平下，适宜的有机无机肥料配施比例才能最大限度地提高土壤微生物量及微生物活性。

表 7.7 土壤微生物量及土壤呼吸在氮与盐分作用下的回归模型

项 目	模 型	显著水平
MBC	$y=336.10+346.03x_1+502.04x_2+85.30x_1x_2-311.5x_1^2-453.93x_2^2$	0.024
MBN	$y=-62.49+78.68x_1+378.61x_2-12.19x_1x_2-39.38x_1^2-214.70x_2^2$	0.035
土壤全呼吸	$y=-2.97+1.15x_1+2.28x_2-0.77x_1x_2-1.30x_1^2-2.23x_2^2$	0.026
土壤自养呼吸	$y=1.07+0.78x_1+0.81x_2-0.001x_1x_2-0.45x_1^2-0.73x_2^2$	0.010
土壤异养呼吸	$y=0.68+0.96x_1+4.02x_2+0.28x_1x_2-0.86x_1^2-2.75x_2^2$	0.036

注 数据为全生育期平均值；y—测定项目值；x_1—有机肥施入比例；x_2—土壤盐分。

7.3 有机无机氮配施对不同程度盐渍化土壤硝化和反硝化作用的影响

7.3.1 有机无机氮配施对氨氧化细菌和氨氧化古菌 amoA 基因丰度的影响

从图 7.1 可以看出，土壤盐渍化程度增加会抑制氨氧化菌活性，同一处理 S_2 土壤 AOB 的 amoA 基因丰度较 S_1 土壤降低 $46\%\sim80\%$，而 AOA 的 amoA 基因丰度高出 $1.19\sim2.05$ 倍。在不同程度盐渍化土壤中，各处理 AOB 的 amoA 基因丰度均高于 AOA 的 amoA 基因丰度，各样品中 AOB 的 amoA 值是 AOA 的 amoA 值的 $7.29\sim46.03$ 倍。与不施肥相比，有机和无机氮均会增加 AOB 的 amoA 基因拷贝数，但会显著减少 AOA 的 amoA 基因拷贝数。

有机无机氮配施比例对不同程度盐渍化土壤氨氧化菌基因丰度的影响存在差异。在 S_1 土壤条件下，随着有机氮施入比例的增加，AOB 的 amoA 基因拷贝数呈先升后降的趋势，以 U_1O_1 处理最大，较其余施肥处理显著高出 $4.71\%\sim62.67\%$（除了与 U_1O_3 处理不显著）（$P<0.05$）。配施有机氮会降低土壤 AOA 的 amoA 基因丰度，U_1 处理显著高于其他配施有机氮处理（$P<0.05$）。S_2 土壤则表现出随着有机氮施入比例的增加 AOB 的 amoA 基因拷贝数逐渐增加的趋势，O_1 处理 AOB 的 amoA 基因拷贝数较其余施肥处理高出 $6.40\%\sim66.98\%$（$P<0.05$），而有机无机氮配施对 AOA 的 amoA 基因丰度影响不显著。

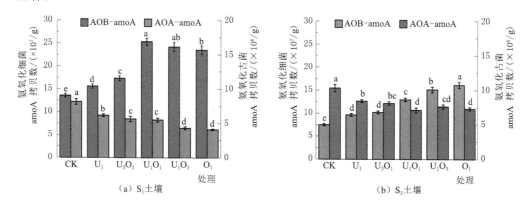

图 7.1 有机无机氮配施对氨氧化细菌和氨氧化古菌丰度的影响

[不同小写字母表示不同处理之间差异显著（$P<0.05$），下同]

7.3.2 有机无机氮配施对 AOB 及 AOA 硝化贡献率的影响

由图 7.2 可知，高盐度对土壤恢复硝化强度也有明显的抑制作用，相同处理下 S_1 土壤恢复硝化强度较 S_2 土壤高出 $27.72\%\sim74.89\%$。施氮对 S_1 土壤恢复硝化强度提高较大，而对 S_2 土壤恢复硝化强度提升作用相对较小，S_1、S_2 土壤各施肥处理土壤恢复硝化强度较 CK 处理分别高出 $40.95\%\sim87.53\%$，$2.93\%\sim52.86\%$。在 S_1 土壤条件下，各施氮处理 AOB 硝化潜势贡献率为 $63.81\%\sim77.70\%$，S_2 土壤 AOB 硝化潜势贡献率相对较小，但仍然达到 $55.67\%\sim59.59\%$。可见，硝化细菌在盐渍化土壤氮素转化过程中占据十分重要的地位，但随着土壤盐分的增大而有所减弱。

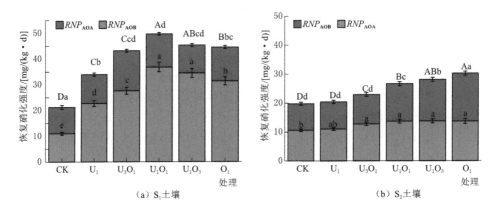

（a）S₁土壤 　　　（b）S₂土壤

图 7.2　有机无机氮配施对氨氧化细菌和氨氧化古菌硝化贡献率的影响

[不同小写字母代表氨氧化细菌（AOB）和氨氧化古菌（AOA）在恢复硝化强度中的贡献在 $P<0.05$ 水平下差异
显著，不同大写字母代表恢复硝化强度在 $P<0.05$ 水平下差异显著。堆叠柱形图中的黑色柱子（RNP_{AOB}）和
白色柱子（RNP_{AOA}）分别代表 AOB 和 AOA 在恢复硝化强度（RNP）中的贡献，其和即为恢复硝化强度]

与单施化肥相比，S₁ 土壤配施有机氮会降低 AOA 的硝化贡献率，U₁ 处理较其余施
氮处理高出 8.69%～21.97%，但施入有机氮会显著增加 AOB 的硝化贡献率，其中以
U₁O₁ 处理最大，较 U₁ 处理高出 62.00%（$P<0.05$）。S₂ 土壤表现出有机氮施入比例增
加 AOB 硝化贡献率增大的趋势，O₁ 处理 AOB 硝化贡献率较单施化肥高出 60.64%，而
各处理之间 AOA 硝化贡献率无显著差异。

7.3.3　有机无机氮配施对硝化势的影响

由图 7.3 可知，高盐度会抑制土壤硝化潜势，相同处理下 S₁ 土壤硝化潜势较 S₂ 土壤
高出 28.81%～69.67%。与不施氮相比，各有机无机氮配施处理均可以提高土壤硝化潜
势，在 S₁ 土壤条件下，土壤硝化潜势随着有机氮施入比例的增加呈先升后降的趋势，其
中以 U₁O₁ 处理最大，较单施化肥显著高出 18.59%（$P<0.05$），但与 U₁O₁、O₁ 处理之
间差异并不显著。S₂ 土壤则表现出有机氮施
入比例增加土壤硝化潜势降低的趋势，但差
异并不显著。

7.3.4　有机无机氮配施对土壤反硝化能力、氧化亚氮产物比 [N₂O/(N₂O＋N₂)] 和土壤呼吸的影响

由图 7.4 可知，高盐度对土壤反硝化能力
有促进作用，但会抑制土壤呼吸，相同处理下
S₂ 土壤反硝化能力较 S₁ 土壤提高 17.16%～
88.91%，而土壤呼吸降低了 17.67%～
75.29%。在 S₁ 土壤条件下，随着有机氮投入
比例的增加，土壤反硝化能力和土壤呼吸均

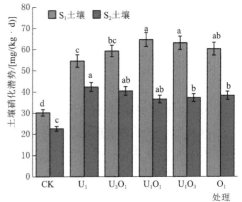

图 7.3　有机无机氮配施对氨氧化细菌和
氨氧化古菌硝化贡献率的影响

呈先升后降的趋势，其中 U_1O_1 处理土壤反硝化能力和土壤呼吸最大，较其余施氮处理分别高出 $15.28\%\sim44.07\%$、$15.87\%\sim55.21\%$（$P<0.05$）。在 S_2 土壤条件下，随着有机氮投入量的增加，土壤反硝化能力和土壤呼吸都呈增加的趋势，其中以 O_1 处理土壤反硝化能力和土壤呼吸最高，分别较其余施氮处理高出 $11.60\%\sim88.26\%$、$4.04\%\sim60.44\%$（除了与 U_1O_3 处理不显著）（$P<0.05$）。

由图 7.5 可知，土壤盐度升高会提高土壤氧化亚氮产物比，而施氮则会降低氧化亚氮产物比。在 S_1 土壤条件下，CK、U_1、U_3O_1 处理之间氧化亚氮产物比无显著差异，但均显著高于其余处理。S_2 土壤则表现出有机氮投入量越大氧化亚氮产物比越小的态势。

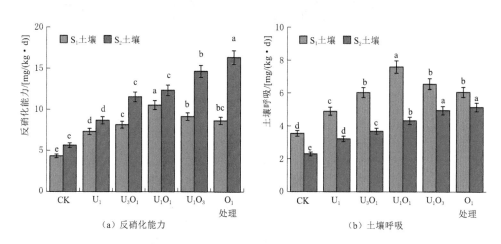

（a）反硝化能力　　　　　（b）土壤呼吸

图 7.4　有机无机氮配施对土壤反硝化能力和土壤呼吸的影响

7.3.5　有机无机氮配施对土壤反硝化菌群丰度的影响

由图 7.6 可知，nosZ 基因拷贝数显著高于 nirK 和 nirS 基因拷贝数，前者比后两者要高出 $1\sim2$ 个数量级。土壤盐度升高会提高土壤反硝化基因丰度，相同处理下 S_2 土壤的 nirK、nirS 和 nosZ 基因拷贝数较 S_1 土壤分别高出 $27.59\%\sim76.11\%$、$7.86\%\sim142.25\%$、$39.83\%\sim104.60\%$。施肥会显著提高土壤反硝化基因拷贝数，但有机无机氮配施对不同反硝化基因丰度影响不一，随着有机肥投入量的加大，S_1、S_2 土壤的 nirK 基因拷贝数均呈降低的趋势（图 7.6）。nirS

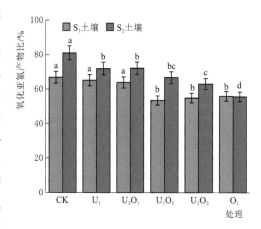

图 7.5　有机无机氮配施对土壤
氧化亚氮产物比的影响

和 nosZ 基因丰度变化趋势基本一致，在 S_1 土壤条件下表现出有机氮施入比例增加，nirS 和 nosZ 基因拷贝数先升后降的趋势，其中以 U_1O_1 处理最大，在 S_2 土壤条件下则表现出随着有机氮投入量的增大而增加的趋势。

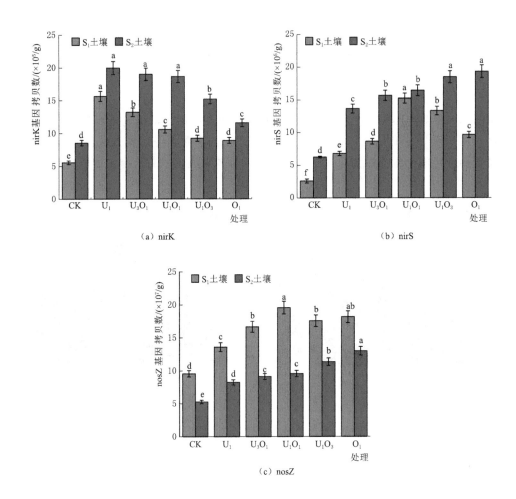

图 7.6 有机无机氮配施对 nirK、nirS 和 nosZ 基因拷贝数的影响

7.3.6 相关性分析

表 7.8 和表 7.9 为土壤微生物相关参数与土壤理化性质相关性分析结果，可以看出，S_1 和 S_2 土壤的 AOA 与各土壤肥力要素均呈极显著负相关关系（$P<0.01$），而 AOB 与各土壤肥力要素多呈极显著正相关关系（除了 S_1 土壤 AOB 与铵态氮相关性不显著，$P<0.01$）。S_1 和 S_2 土壤硝化潜势与 AOA 均呈极显著负相关关系（$P<0.01$）。S_1 土壤硝化潜势与 AOB 呈极显著正相关关系（$P<0.01$），而与 AOA 呈极显著负相关关系（$P<0.01$）。S_2 土壤硝化潜势与 AOB 相关性并不显著（$P>0.05$），而与 AOA 呈极显著正相关（$P<0.01$）。

S_1 和 S_2 土壤反硝化能力与土壤呼吸呈极显著正相关关系（$P<0.01$），同时两者与 nirK（S_2 土壤不显著）、nirS 和 nosZ 基因拷贝数呈极显著正相关（$P<0.01$），反硝化能力与各土壤肥力要素均呈极显著正相关（$P<0.01$），而与氧化亚氮产物比呈极显著负相关关系（$P<0.01$）。

表 7.8　S_1 土壤不同处理测定变量间相关分析

S_1 土壤	WFPS	全氮	有机质	NO_3^--N	NH_4^+-N	DOC	pH值	NP	AOA	AOB	nirK	nirS	nosZ	DC	土壤呼吸
NP	0.343	0.987**	0.783**	0.990**	0.593*	0.755**	-0.292								
AOA	-0.080	-0.759**	-0.807**	-0.790**	-0.754**	-0.691**	-0.020	-0.828**							
AOB	0.171	0.807**	0.910**	0.764**	0.324	0.920**	0.278	0.815**	-0.784**						
nirK	0.373	0.501*	-0.059	0.573*	0.439*	-0.088	0.076	0.495*	-0.186	-0.081					
nirS	0.085	0.875**	0.753**	0.881**	0.231	0.775**	0.225	0.891**	-0.714**	0.925**	0.176				
nosZ	0.317	0.952**	0.864**	0.915**	0.454	0.865**	0.309	0.949**	-0.808**	0.903**	0.267	0.921**			
DC	0.280	0.967**	0.783**	0.957**	0.385	0.799**	0.284	0.966**	-0.756**	0.886**	0.358	0.963**	0.975**		
土壤呼吸	0.217	0.925**	0.777**	0.903**	0.271	0.807**	0.298	0.920**	-0.703**	0.895**	0.254	0.962**	0.972**	0.985**	
$N_2O/(N_2O+O_2)$	0.267	-0.549**	-0.639**	-0.598**	-0.191	-0.615**	0.245	-0.609**	0.764**	-0.849**	-0.190	-0.788**	-0.695**	-0.697**	-0.700**

注　DOC 表示可溶性有机碳，NP 表示硝化势，DC 表示反硝化能力。* 表示 $P<0.05$，** 表示 $P<0.01$，下同。

表 7.9　S_2 土壤不同有机无机肥料配施测定变量间相关性分析

S_2 土壤	WFPS	全氮	有机质	NO_3^--N	NH_4^+-N	DOC	pH值	NP	AOA	AOB	nirK	nirS	nosZ	DC	土壤呼吸
NP	0.247	0.564**	0.545**	0.919**	0.765**	0.406*	0.229								
AOA	-0.343	-0.733**	-0.751**	-0.892**	-0.862**	-0.553**	0.142	0.730**							
AOB	0.434	0.943**	0.972**	0.684**	0.802**	0.938**	0.282	0.371	-0.724**						
nirK	0.003	0.096	0.122	0.614**	0.370	-0.024	0.082	0.849**	-0.479*	-0.037					
nirS	0.008	0.922**	0.930**	0.955**	0.948**	0.810**	0.236	0.778**	-0.883**	0.850**	0.415*				
nosZ	-0.205	0.983**	0.968**	0.866**	0.935**	0.895**	0.278	0.620**	-0.793**	0.914**	0.159	0.959**			
DC	0.190	0.970**	0.981**	0.840**	0.892**	0.897**	0.250	0.572**	-0.808**	0.948**	0.142	0.956**	0.987**		
土壤呼吸	0.211	0.973**	0.990**	0.833**	0.911**	0.919**	0.277	0.571**	-0.815**	0.967**	0.162	0.954**	0.975**	0.989**	
$N_2O/(N_2O+O_2)$	0.471	-0.808**	-0.786**	-0.723**	-0.846**	-0.640**	0.203	-0.427*	0.853**	-0.808**	-0.011	-0.806**	-0.859**	-0.852**	-0.843**

7.4　讨　论

7.4.1　盐分与有机无机氮配施对土壤微生物量的影响

研究表明，高土壤盐浓度会导致土壤微生物量降低（Zhang 等，2015）。本书所述研究结果也表明，土壤微生物量碳氮随着土壤盐渍化程度的增加显著减少。一般来说，细菌和真菌的碳氮比分别为 3～5 和 7～12，本书所述研究 S_1 土壤微生物量碳氮比为 3.58～7.68，随着生育期的推进逐渐由细菌向真菌群落转变，这可能是因为凋落物进入土壤为真菌繁殖创造了良好的条件。盐分增加会明显降低微生物量碳氮比，S_2 土壤微生物量碳氮比为 2.92～5.41，在整个生长季内均以细菌为主，这是因为真菌在高盐分条件下更容易死亡。本书所述研究结果表明，随着生育期的推进，S_1、S_2 土壤微生物量碳氮比大部分逐渐增大，这可能是生长后期土壤氮素供应不足，MBN 降低所致。

施肥是影响土壤 MBC、MBN 的主要因素。本书所述研究发现，单施无机肥可以促进土壤 MBC、MBN 的增加，这可能是因为施氮降低了土壤碳氮比，会加速土壤有机碳的矿化，或作为能量来源而产生正激发效应。前人研究表明，在盐渍化土壤中施入有机肥可以为土壤微生物提供能量和养分，促使微生物合成渗透压物质，从而减少盐度对微生物的负面影响。本书所述研究也表明，在 S_1、S_2 土壤条件下，配施有机肥均可以提高土壤 MBC、MBN 含量，但因有机肥施入比例不同而不同。在盐度较低的 S_1 土壤条件下，以有机无机肥料各半配施较为适宜，S_2 土壤则以单施有机肥能最大限度地提高微生物量。这可能是因为在盐分胁迫较低时，有机肥所提供的养分并不能完全满足玉米生长的需求，加剧其与土壤微生物的竞争，导致土壤 MBC、MBN 减少，因此需要配施适量的无机肥来满足微生物对矿质氮的同化需求。随着盐渍化程度的增强，一方面，盐胁迫会抑制作物对养分的吸收利用；另一方面，在盐分较高时无机肥有效性降低，所产生的矿质氮含量和有机肥差异减小（周慧等，2020），而较多的有机物输入可以为微生物提供更多的底物及能量，从而减少盐度对微生物的负面影响，使土壤微生物量增加。这也是轻度、中度盐渍化土壤分别以有机无机氮各半配施和单施有机氮处理能产生较好的氮素供应过程的原因。

相关性分析表明，土壤含水率与土壤 MBN 呈显著正相关，而与微生物量碳氮比呈极显著负相关，这可能是因为土壤湿度促进了土壤氮素的矿化，增加了微生物固氮量。此外，本书所述研究发现，在 pH 值较大的 S_2 土壤条件下，土壤 pH 值与土壤 MBN 呈显著负相关关系，这表明土壤碱化可能会成为土壤微生物量的限制性因素。

7.4.2　盐分与有机无机氮配施对土壤呼吸的影响

土壤呼吸是衡量微生物对碳循环总体贡献的最直接的指标。在盐渍化土壤中，盐分是土壤呼吸的主要限制因子之一，在大多数情况下，自然盐梯度下土壤呼吸与盐度呈显著负相关。本书所述研究结果表明，与 S_1 土壤相比，S_2 土壤各呼吸指标均有所降低，这可以解释为盐分限制了作物生长，土壤渗透胁迫导致微生物活性减弱，还可能是因为高盐度土壤具有较低的碳底物可利用性，导致呼吸速率降低。

本书所述研究发现，单施无机肥使 S_1、S_2 土壤全呼吸速率分别显著提高 10.32%～23.94%、21.43%～31.91%。这是因为土壤盐渍化和养分匮乏是河套灌区作物生产力的限制条件，施氮增加了土壤微生物可利用底物，并缓解了土壤盐分胁迫，增加了土壤微生物生物固氮量（陶朋闯等，2016），使得微生物呼吸得到了加强。而微生物活性的提高会促进作物根系对氮素的吸收，使土壤异养呼吸也得到加强（曾清苹等，2016）。有研究表明，在使用有机物料改良的土壤中，盐度对土壤呼吸的负面影响有所减少。本书所述研究发现，施入有机肥对不同程度盐渍化土壤各呼吸指标均有所提高，这可能是因为有机肥的施入增加了对底物的利用率并产生剩余资源，微生物可以用于渗透压物质的生产，从而提高微生物活性。S_1、S_2 土壤分别以有机无机肥料各半配施和单施有机肥处理土壤呼吸强度较高，表明不同盐分水平下需要适宜的有机无机肥配施，才能使土壤微生物处于良好的状态，才可以存储和循环更多养分。

本书所述研究发现，土壤呼吸与土壤温度呈显著正相关（$P<0.05$），但是各处理敏感性系数 Q_{10} 值均较小。这可能是由于该试验施肥时间较早，当时土壤温度较低，而土壤矿质氮含量与土壤呼吸、微生量碳氮呈极显著正相关（$P<0.01$），表明在作物生长前期氮素是影响土壤呼吸的主要原因，导致土壤呼吸对温度变化敏感性不高。本书所述研究发现，土壤呼吸速率与土壤含水率的二次函数关系并不显著，这可能是因为土壤含水率只有在过低或过高时才会成为土壤呼吸的限制因子，该试验条件下土壤含水率不构成胁迫，所以两者之间的二次函数关系不显著（$P>0.05$）。

7.4.3 土壤呼吸和土壤微生物量的相互关系

研究表明，土壤微生物量的增加会导致土壤呼吸的增加，而微生物量的改变也会引起土壤呼吸变化（刘静等，2017）。对于氮素匮乏的盐渍化地区来说，由于微生物受到可用性氮的限制，会使土壤呼吸受到抑制（Bowden 等，2004）。本书所述研究通过有机无机肥料配施提高了土壤的供氮能力，且在土壤温湿度适宜的条件下，土壤微生物量和根系生物量增加，最终导致土壤全呼吸速率得到增强。

微生物代谢熵是反映环境因素、管理措施变化等对微生物活性影响的一个敏感指标，其值的增加或减少与微生物代谢的变化有关。低微生物代谢熵（高碳利用效率）表示土壤较少的碳损失并将其转化为微生物量，反之则表示大量碳通过土壤呼吸损失并进入大气，最终减少了土壤微生物量以及土壤固碳量。因此，微生物代谢熵应用并作为评价土壤微生物代谢状况和土壤碳循环的参数。本书所述研究发现，适宜的有机无机肥料配施可以降低土壤微生物代谢熵，说明配施有机肥可以缓解盐分等环境因子对微生物的胁迫，增加了碳利用效率。

在盐渍化地区，盐分对土壤微生物量及微生物活性的影响不容忽视，而盐度随着季节的变化而改变，因此了解微生物对盐度变化的响应十分重要。河套灌区地下水埋深较浅（0.52～2.41m），而地下水含盐量较高，在强蒸发作用下，生育期内土壤 EC 基本呈现出逐渐增加的趋势，本书所述研究发现，盐浓度与土壤呼吸、MBC、MBN 均呈显著或极显著负相关关系。Asghar 等（2012）的研究表明，在底物存在的条件下，盐渍土中微生物群落可以适应由于淋溶、灌溉或水位变化而可能发生的田间盐度波动。因此，底物的变化可能是引起土壤微生物量及活性变化的主要原因，生长季内盐浓度波动是否会引起土壤微生物量及活性变化还有待进一步研究。

7.4.4　有机无机氮配施对氨氧化微生物、硝化贡献率及硝化潜势的影响

有研究表明，盐分是影响 AOA 和 AOB 生长的关键因素。本书所述研究连续 3a 定位试验后发现，相同处理下，中度盐渍化土壤 AOB 的 amoA 硝化基因丰度较轻度盐渍化土壤显著降低，而 AOA 的 amoA 基因丰度呈现出增大的趋势。另有研究也发现，盐度增加会抑制土壤 AOB 丰度。前人对于 AOA 的研究结果也各有不同，Wang 等（2019）的研究表明，盐分对 AOA 的影响并不显著。也有学者发现，在中等盐分条件下土壤 AOA 丰度最大（Zhang 等，2015）。可以看出，在不同试验条件下，盐分对 AOA 和 AOB 的影响结果各不相同，这些矛盾的结果可能源于自然环境复杂多变，导致 AOA 和 AOB 这两种不同种类的微生物对盐分的响应不一。

有研究发现，AOA 在酸性和低氮环境中起着更重要的作用（$NH_4^+ - N < 15\mu g/g$）（Pester 等，2012），Wang 等（2017）的研究也证明 AOA 仅在低铵氮环境中增长。本书所述研究中，每个处理中都添加了等量氮肥，较高氮素含量和碱度条件可能是 AOA 增长的限制因素，导致 AOB 较 AOA 高出 $7.23 \sim 46.29$ 倍。同时，相关性显示，AOA 和 AOB 分别与土壤氮素呈显著（$P < 0.05$）负相关和极显著正相关（$P < 0.01$）关系，这也证明施肥对土壤 AOB 提升更为有利，对土壤 AOA 则会产生负效应。有机无机氮配施对不同程度盐渍化土壤 AOB 和 AOA 的影响存在显著差异，在轻度盐渍化土壤中，以有机无机氮各半配施土壤 AOB 丰度最大，中度盐渍化土壤则以单施有机氮处理最大，这是因为这两种处理对土壤养分提升程度最大，而在高营养环境中，更加利于 AOB 生长。轻度和中度盐渍化土壤均表现出尿素氮施入比例越大 AOA 基因丰度越大的趋势，这可能由于 AOA 具有脲酶基因，能够利用尿素增殖，并通过尿素水解进行 $NH_4^+ - N$ 氧化作用。相关性分析表明，土壤呼吸与 AOA 丰度呈极显著负相关关系（$P < 0.01$），这是因为 AOA 在低 CO_2 环境下更容易固定，而尿素较有机肥产生的 CO_2 更少，这可能也是增大无机氮施入比例 AOA 增殖的原因。

有研究表明，耕地中 AOB 对于硝化作用的贡献要更大，本书所述研究对硝化贡献率的测定结果也表明，轻度和中度盐渍化土壤 AOB 的硝化贡献率达到了 $55.67\% \sim 77.70\%$，这可能是由于 AOB 较 AOA 丰度更大。中度盐渍化土壤 AOA 的硝化贡献率较轻度盐渍土有所增加，这也证明了在本书所述研究条件下，AOA 对于盐分的耐受性要大于 AOB。轻度盐渍化土壤各处理的土壤硝化潜势显著高于中度盐渍化土壤，这可能是因为轻度盐渍土 AOB 基因丰度较大。此外，本书所述研究发现，中度盐渍化土壤氨挥发也明显高于轻度盐渍化土壤（周慧等，2020），这可能是由于盐分抑制了土壤 AOB 活性，导致较多氮素以 NH_3 形式存在。本书所述研究表明，施肥会显著提高土壤硝化潜势，这与前人的研究结果基本一致。轻度盐渍化土壤硝化潜势随着有机氮施入比例的增加呈先升后降的趋势，其中有机无机氮各半配施处理的硝化潜势最大，这可能是该处理 AOA 与 AOB 之和在所有处理中最大的原因。在中度盐渍化土壤中，各有机无机氮配施处理之间硝化潜势差异并不显著，这可能是因为在盐分较高的条件下，会提高 AOA 丰度而抑制 AOB 丰度，且施入无机氮对 AOA 基因丰度提升较大，因而会缩小各处理硝化潜势的差异。此外，数据显示（本书并没有列出），从土壤硝化势组成来看，中度盐渍化土壤 $NO_2^- - N$ 含量要明显高于轻度盐渍化土壤，且表现出无机氮施入比例越大 $NO_2^- - N$ 含量越大的趋势，

说明土壤盐分较高可能会抑制土壤 $NO_2^- - N$ 向硝态氮转换，而配施有机氮可能会促进 $NO_2^- - N$ 向硝态氮转化。因此，有机无机氮配施对土壤硝化作用第二步的影响还有待进一步研究。

7.4.5 有机无机氮配施对反硝化能力及反硝化菌的影响

反硝化作用使 N 以 N_2O 和 N_2 的形式返回到大气中，也显示出与盐度不同的关系（Wang 等，2019）。本书所述研究表明，土壤盐度升高虽然会减少土壤硝酸盐，但会促进土壤反硝化作用的进行。一方面，这可能是因为盐度增加会通过增强硝酸盐还原酶活性进而增加硝酸还原菌的丰度，促进硝酸盐向亚硝酸盐的转化（刘浩荣等，2008）；另一方面，本书所述研究发现，土壤盐度升高会显著提高土壤 nirK 和 nirS 基因丰度，更加有利于土壤反硝化作用的进行。因此，即使在中度盐渍化土壤硝酸盐较少的情况下，其反硝化能力依然强于轻度盐渍化土壤。本书所述研究还发现，盐度增加会提高氧化亚氮产物比，这是因为 nosZ 基因丰度受盐分胁迫而显著减少，抑制了 N_2O 向 N_2 还原。

有机肥带入的大量碳源为土壤反硝化微生物提供了丰富的电子供体，从而对反硝化过程也可能产生影响。总体来看，本书所述研究中，对轻度和中度盐渍化土壤施入有机氮均会促进土壤反硝化过程的进行。相关性分析表明，土壤反硝化能力与可溶性有机碳呈极显著正相关关系，说明土壤中可利用碳源是影响反硝化作用的重要原因，这与前人的研究结果基本一致（Chen 等，2011）。同时，本书所述研究发现，土壤呼吸与土壤反硝化能力存在极显著正相关关系，说明适当的有机无机氮配施比例会促进土壤呼吸，为反硝化过程提供低氧环境（Akiyama 等，2004）。

Akiyama 等（2004）的研究表明，反硝化作用在有机肥料改良土壤中占主导优势，这是因为有机氮施入对反硝化基因影响较大，从而可能对反硝化能力产生一定影响。本书所述研究表明，配施有机氮会抑制土壤 nirK 反硝化菌的生长，这与王军等（2018）的研究结果一致。而轻度和中度盐渍化土壤配施有机氮均可以提高土壤 nirS 和 nosZ 基因丰度，分别以有机无机氮各半配施和单施有机氮最佳，相关性分析表明，除轻度盐渍化土壤 nirS 和 nosZ 与土壤铵态氮相关性不显著外，轻度和中度盐渍土均与其他土壤肥力要素呈极显著正相关关系，表明 nirS 和 nosZ 型菌更喜欢营养元素丰富的环境。有关研究发现，长期施入有机肥对 nirK 基因拷贝数也有明显的提升，这可能与试验田土壤性质以及定位试验的周期不同有关。此外，轻度和中度盐渍化土壤的反硝化能力均与 nirS 和 nosZ 基因丰度呈极显著正相关关系，而与 nirK 基因丰度相关性不显著。由此可见，该试验条件下，nirS 和 nosZ 型菌在土壤反硝化过程中起主要驱动作用。反硝化作用不仅会造成氮肥损失，而且产生的 N_2O 会造成温室效应并破坏臭氧层。本书所述研究发现，氧化亚氮产物比与土壤 nosZ 基因拷贝数呈极显著负相关关系，说明提高土壤 nosZ 基因拷贝数会显著减少 N_2O 排放。因此，在不同程度盐渍化土壤中施入有机肥虽然会提高土壤反硝化损失，但也会促进 N_2O 还原为 N_2。

笔者通过前面的研究发现，相比 $NO_3^- - N$，氮素以 $NH_4^+ - N$ 形式存在更加利于土壤 N_2O 排放（周慧等，2020），证明本书所述研究中的反硝化过程并不会产生较多的 N_2O。因此，施入有机氮虽然会促进土壤反硝化作用的进行，但并不会显著增大氮素损失，而适宜的有机无机氮配施有利于土壤氨氧化微生物的生存，从而缩短土壤硝化过程，可以减少硝化-反硝化过程中的 N_2O 排放量。此外，盐度较高可能抑制亚硝酸盐氧化菌活性，导致施入无机氮较多的处理硝化过程停留在亚硝酸盐阶段，可能增加土壤硝化-反硝化过程中土壤 N_2O 的排放。

7.5　本　章　小　结

氮素循环是土壤养分循环中最重要的循环之一，它与作物生产、环境污染密切相关，而土壤微生物是氮素循环的驱动者。因此，本章从土壤微生物量、微生物活性、氮循环相关微生物基因丰度及功能等方面探讨有机无机氮配施对土壤氮素转化的影响。主要得到以下结论：

（1）在盐渍化地区，施肥是影响土壤微生物的主要因素，配施有机氮会改变土壤理化性状，并对土壤微生物产生影响。中度盐渍化土壤微生物量碳、氮和微生物活性较轻度盐渍化土壤显著降低；与单施化肥相比，配施有机氮可以提高土壤微生物量及微生物活性，轻度、中度盐渍化土壤分别以有机氮替代 50% 无机氮及单施有机氮较优。

（2）硝化作用决定着作物对氮素的有效利用程度，是氮素转化过程中的关键环节。本书所述研究中，中度盐渍化土壤的土壤硝化势、氨氧化细菌丰度和硝化贡献率较轻度盐渍化土壤显著降低，而氨氧化古菌丰度和硝化贡献率显著增加。轻度盐渍化土壤以有机氮替代 50% 无机氮处理的土壤硝化势最高，由氨氧化细菌在硝化作用中起主导作用；中度盐渍化土壤各施氮处理对土壤硝化势无显著影响，由氨氧化细菌和氨氧化古菌共同主导土壤硝化作用。

（3）盐度增加对硝化作用的影响在于改变硝酸盐的有效性，从而影响反硝化作用。土壤盐度升高显著提高了土壤的 nirK、nirS 基因丰度，从而促进土壤反硝化过程，高盐度会降低 nosZ 基因丰度，导致氧化亚氮产物比增加。施入有机肥为土壤提供了大量碳源，为反硝化微生物提供了丰富的电子供体，从而提高了土壤的反硝化能力。轻度、中度盐渍化土壤分别以有机氮替代 50% 无机氮及单施有机氮处理的 nirS、nosZ 基因丰度及反硝化能力最大，氧化亚氮产物比最低。轻度、中度盐渍化土壤反硝化作用均以 nirS 和 nosZ 基因起主要驱动作用。

（4）综合来看，轻度盐渍化土壤以有机氮替代 50% 无机氮，中度盐渍土以有机氮替代 100% 无机氮处理可以获得较高的土壤微生物量及微生物活性，同时可以提高土壤氮素矿化-周转过程，增大土壤氮素的可利用性。

第8章　DNDC 模型在盐渍化玉米农田的应用

室内试验和田间试验研究表明，在中度盐渍化土壤中，随着有机氮施入比例的增加，玉米产量逐渐增大，土壤微生物量、微生物活性、氮循环主要微生物基因丰度及功能显著提高，而土壤氨挥发损失量、N_2O 排放量和硝态氮淋失量均逐渐下降。因此，基本可以确定本书所述研究中中度盐渍化土壤最优有机无机肥料配施模式为有机氮替代 100% 无机氮（240kg/hm²）处理。因此，本章通过模型确定轻度盐渍化土壤的最优管理措施。

田间试验在监测作物产量、土壤水热变化、氮素气体损失和硝酸盐淋失等方面发挥着重要作用，但在空间和时间上存在局限性，在更大范围内预测则须依赖一些数学模型。DNDC 模型是基于过程的生物地球化学模型，被认为是评估管理实践中针对农业生态系统的有效工具，已被应用到全球不同国家和生态系统中（Huang 等，2004；Liu，2015）。DNDC 模型可以详细地将氮素转化与水文过程结合，可以用来模拟作物产量、氮素淋溶以及温室气体的排放等（Ju 等，2009）。本书所述研究通过田间定位试验并结合 DNDC 模型研究有机无机氮配施对玉米产量及氮素损失的影响。

8.1　测定指标与方法

（1）利用田间原装渗漏计测定法（Lysimeter 法）收集土壤 50cm 深度的水样，土壤渗漏液收集盘安装在每个小区中间（表土层下 60cm 处，长 0.5m、宽 0.4m、高 0.1m）。为了保证陶瓷吸盘与土壤吸盘之间有合适的液体压力，陶瓷吸盘被安装在一个直径相当的孔中，然后用原土填充收集盘与土壤之间的孔隙。淋溶盘和集液管通过软管连通，淋溶液通过软管自动汇集于集液管，在每次灌溉和降雨后 1~2d 利用真空泵提取土壤溶液，并将试样放入 -4℃ 冰箱中保存，24h 内测定。采用双波长比色法测定淋溶水样中的硝态氮浓度。

（2）每周测定 1 次土壤温度（0~5cm 深度）、土壤孔隙充水率（0~20cm 深度）及土壤硝态氮含量（0~20cm 深度，用 2mol/L KCl 浸提法对土壤进行提取，用连续流动分析仪进行测定）。玉米成熟时，在各小区非边行连续取样 20 株，单独收获，考种测产，取平均值。

8.2　DNDC 模型介绍

8.2.1　模型基本原理

本书所述研究采用的 DNDC（Denitrification - DeComposition，脱氮-分解）模型最

新版本为 9.5，由美国新罕布什尔大学地球海洋和空间研究所开发研制，主要由两部分、六大子模块组成：①土壤气候、作物生长和土壤有机质分解子模型，它利用多种生态驱动因子（例如土壤、气候、植被及人类活动）来模拟土壤环境因子（如土壤温度、湿度、pH 值、氧化还原电位以及各种底物浓度）；②硝化、反硝化和发酵作用子模型，用来模拟土壤环境因子对微生物的影响，计算生物地球化学过程中 CH_4、CO_2、N_2O、NO、NH_3 等温室气体的排放。

DNDC 模型所需输入参数包括气象（日平均气温、日降雨、风速、湿度）、土壤（类型、土壤容重、黏土比例、田间持水率、孔隙度、pH 值、表层土壤硝态氮、铵态氮等）、农田管理（种植作物的生长、耕耘、化肥施用、有机肥施用、灌溉、覆膜等）数据。模型以日为时间步长，信息交融，模拟不同环境条件-作物生长-土壤化学变化间的相互作用，能进行 1 年至多年的模拟（FAO，2015）。模型输出参数包括作物指标（生长指标、产量、水分及养分吸收等）、土壤理化指标（土壤温湿度、土壤碳库、氮库含量及其变化，以及 C 和 N 流失等）、气体排放（NO、N_2O、N_2、NH_3、CH_4、CO_2）及氮淋失量等（Huang 等，2004）。

8.2.2　模型数据库建立

模型需要输入的参数包括试验区地理位置、气候条件、土壤指标和田间管理数据，主要通过实验测定、文献收集以及采用模型默认值等方法来综合确定关键参数。气象数据均来自沙壕渠气象站自动观测数据，土壤指标数据通过田间试验测量获得；田间管理参数根据 3a 试验农事情况获得，2018—2020 年春玉米生育期日均气温及降雨变化如图 2.1 所示，3a 生育期总降水量分别为 111.00mm、54.97mm、131.20mm。

8.2.3　DNDC 模型校正

DNDC 模型对于农田生态系统碳氮平衡的模拟估算，已经先后在美国、德国和英国的野外试验中得到应用，结果表明该模型具有较高的可信度（He 等，2016；Ju 等，2009），而为了使模型更加精确地模拟该盐渍化地区作物生长及氮素转化过程，本书所述研究利用 2018—2020 年在内蒙古河套灌区解放闸灌域沙壕渠试验站进行的有机无机配施定位试验，以单施化肥处理为基础对上述参数进行校正，如用 2018—2020 年试验监测的土壤水热变化、作物产量、淋溶水量、氮素淋失量、N_2O 排放量等数据校正模型参数，直至模拟值与实测值之间有合理的一致性，校正后的参数见表 8.1。其后用校正后的作物参数对各有机无机肥料配施处理及对照处理进行模型验证。

表 8.1　　　　　　　　　　　　　　　DNDC 模型模拟作物参数

参　数	单　位	数　值	参　数	单　位	数　值
目标产量	kg·C/hm²	4800	生物量分配比例	籽粒，茎叶，根	0.4，0.42，0.15
总需氮量	kg·N/hm²	220	生长积温	TDD，℃	2400
需水量	g	350	容重	g/cm³	1.37
黏粒含量	%	9.86	固氮系数	N/N（作物/土壤）	1

本书所述研究采用的模型模拟效果评价的统计方法包括决定系数（R^2）、平均误差（MBE）、均方根误差（R_{MSE}）和标准均方根误差（N_{RMSE}）4 个指标，计算公式为

$$R^2 = \left[\frac{\sum\limits_{i=1}^{n} (M_i - M_m)(S_i - M_m)}{\sqrt{\sum\limits_{i=1}^{n} (M_i - S_i)^2 \sum\limits_{i=1}^{n} (S_i - S_m)^2}} \right] \qquad (8.1)$$

$$MBE = \frac{\sum\limits_{i=1}^{n} (S_i - M_i)}{n} \qquad (8.2)$$

$$RMSE = \sqrt{\frac{\sum\limits_{i=1}^{n} (M_i - S_i)^2}{n}} \qquad (8.3)$$

$$NRMSE = \frac{\sqrt{\dfrac{\sum\limits_{i=1}^{n} (M_i - S_i)^2}{n}}}{M_m} \qquad (8.4)$$

式中：S_i、M_i 分别为模拟值与观测值；S_m 和 M_m 为他们的均值；n 为观测值个数。

一般认为，R^2 值越接近 1 则模拟值与实测值更吻和，模型的精确度越高。MBE 表示试验测定值和模拟值之间的平均误差，一般认为，MBE 大于 0 表示模拟值高于实测值，MBE 小于 0 表示模拟值小于实测值。$RMSE$ 是比较常用的统计指标，一般认为 $RMSE$ 越小表示数据间偏差越小。$NRMSE$ 意味着平均偏差的相对大小，$NRMSE$ 不大于 10％ 说明模型表现优秀；大于 10％而不小于 20％说明模型表现较好；大于 20％而不小于 30％ 说明模型表现中等；大于 30％说明模型表现较差，适用性不好。

8.3 DNDC 模型检验与评价

8.3.1 作物产量

作物产量方面，通过 U_1 处理对 DNDC 模型参数进行了校正。如图 8.1 所示，2018—2020 年连续 3 年种植春玉米，模型模拟的作物产量的实测值与模拟值吻合较好，该处理玉米产量的模拟统计分析表明，R^2 值达到 0.99，MBE 值为 192.10kg/hm²，$RMSE$ 值为 185.47kg/hm²，$NRMSE$ 值为 2.63％（表 8.2）。上述统计分析结果表明，以 U_1 处理为基础的 DNDC 模型参数得到了较好的校正。

对其他施肥处理及 CK 处理的作物产量实测值和模拟值进行比较，验证 DNDC 模型模拟效果，统计分析结果表明，各处理 R^2 均在 0.97 及以上，MBE 值为 $-97.17 \sim$ 352.10kg/hm²，$RMSE$ 值为 289.56～367.53kg/hm²，$NRMSE$ 值均在 5％之下。上述模拟结果均处于模拟性能"较好"及"优秀"的范围内，也说明模型参数设置合理，能够很好地模拟不同处理的作物产量。

玉米产量的观测值和模拟值均表明，施肥可以显著提高玉米产量，各施肥处理玉米产量 3 年实测均值较 CK 处理高出 31.19％～57.28％，模拟均值高出 37.42％～62.05％。

各施肥处理之间表现出有机肥施入比例增加玉米产量呈先升后降的趋势，以 U_1O_1 处理最大，实测和模拟均值分别较 U_1 处理高出 17.92% 和 19.89%。

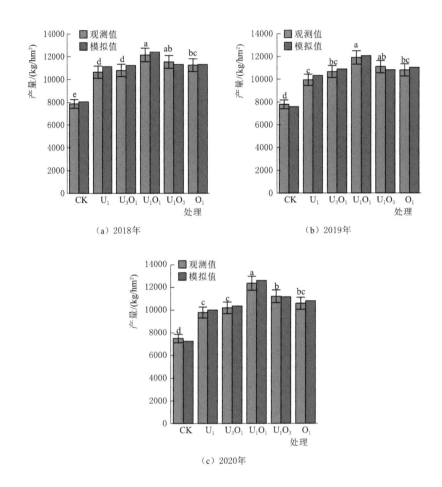

（a）2018年　　（b）2019年

（c）2020年

图 8.1　玉米产量模拟值和观测值比较

（垂直误差线为 3 组重复数据的标准误差）

表 8.2　　　　　2018—2020 年不同处理的粮食产量模型模拟的统计评估

率定和验证	处理	实测值/(kg/hm²)	MBE/(kg/hm²)	RMSE/(kg/hm²)	NRMSE/%	R^2
率定	U_1	10120.82±506.04	192.10	185.47	2.63	0.99
验证	CK	7714.69±385.73	133.25	289.56	4.05	0.97
	U_3O_1	10544.61±527.23	253.63	315.29	3.84	0.98
	U_1O_1	12133.81±606.69	352.10	300.25	3.12	0.98
	U_1O_3	11275.39±563.77	−97.17	332.65	2.98	0.97
	O_1	10872.25±543.61	−59.63	367.53	3.74	0.98

注　实测值为平均值±标准偏差，下同。

8.3.2 土壤温湿度

如图 8.2 和图 8.3 所示，DNDC 模型基本可以模拟土壤温度（0～5cm 深度）及土壤

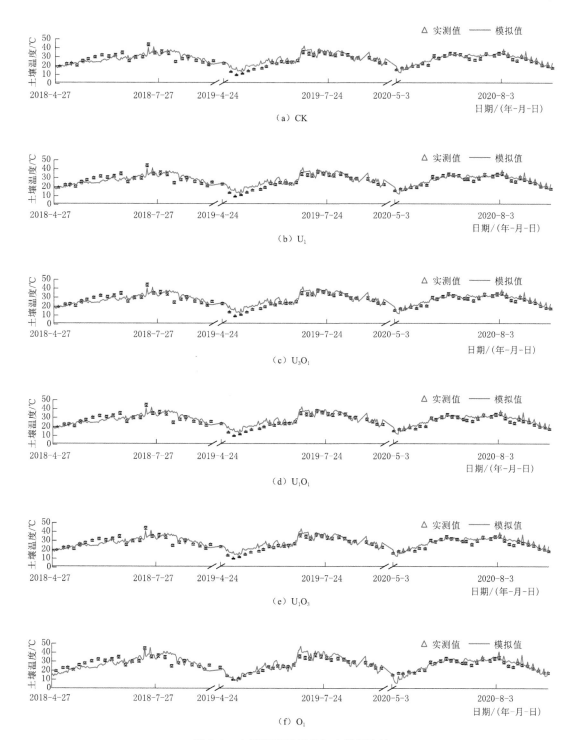

图 8.2　土壤温度模拟值与实测值比较

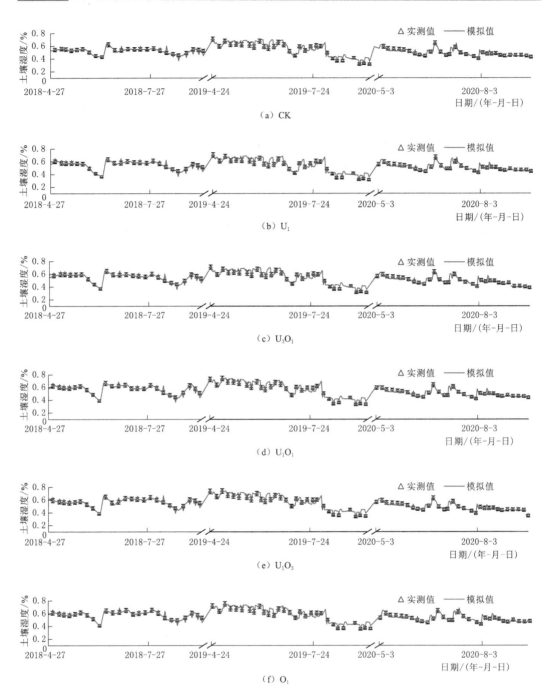

图 8.3　土壤湿度模拟值与实测值比较

湿度（0～20cm 深度）的生育期动态变化及量级，且模型模拟值与观测值较为一致。统计分析显示，两者 R^2 值分别为 0.75～0.81、0.78～0.84，土壤温度 MBE 值较小，为 -0.15～1.56℃；不同处理土壤孔隙充水率 MBE 值为 0.95%～1.56%。$RMSE$ 值分别为 3.37%～3.75%、4.15%～4.83%；$NRMSE$ 值分别为 12.81%～13.07%、8.32%～

8.98％（表 8.3 和表 8.4）。从模拟效果与各项验证指标来看，DNDC 模型能较为精准地模拟不同有机无机氮配施处理下土壤温湿度变化情况，表现性能分别为"较好"和"优秀"。实测值和模拟值 2018—2020 年各处理气温变化范围在 $9.87\sim44.27℃$，平均地温达到 $26.74℃$。各处理 $0\sim20cm$ 土壤湿度变化之间差异也较小（图 8.2），WFPS 变化范围为 $31.22％\sim70.91％$，均值达到 $51.82％$，各处理 WFPS 均在灌溉和降雨事件后有所增加。实测值和模拟值均表明，土壤温湿度变化在不同处理之间没有显著性差异。

表 8.3　　　2018—2020 年不同处理土壤温度模型模拟的统计评估

率定和验证	处理	实测值/℃	MBE/℃	RMSE/％	NRMSE/％	R^2
率定	U$_1$	26.76±1.31	0.22	3.37	12.88	0.81
验证	CK	26.88±1.09	−0.15	3.71	13.07	0.77
	U$_3$O$_1$	26.66±1.30	1.30	3.75	12.89	0.79
	U$_1$O$_1$	26.54±1.15	1.22	3.46	13.05	0.75
	U$_1$O$_3$	26.74±1.18	0.11	3.55	12.99	0.81
	O$_1$	26.51±1.29	1.56	3.67	12.81	0.76

表 8.4　　　2018—2020 年不同处理 WFPS 模型模拟的统计评估

率定和验证	处理	实测值/％	MBE/％	RMSE/％	NRMSE/％	R^2
率定	U$_1$	55.51±3.21	0.95	4.28	8.32	0.78
验证	CK	52.01±4.19	1.12	4.15	8.69	0.79
	U$_3$O$_1$	53.16±3.09	1.37	4.83	8.98	0.80
	U$_1$O$_1$	53.69±2.84	1.09	4.30	8.44	0.83
	U$_1$O$_3$	54.02±4.45	1.01	4.51	8.51	0.84
	O$_1$	54.19±3.01	1.56	4.66	8.41	0.84

8.3.3　土壤硝态氮含量

如图 8.4 所示，DNDC 模型基本可以模拟表层土壤（$0\sim20cm$ 深度）硝态氮生育期动态变化及量级。但相较土壤温湿度模拟精度有所下降，各施肥处理的模型模拟值对土壤硝态氮含量有所低估。统计分析表明，不同处理 R^2 值为 $0.69\sim0.72$，MBE 值为 $-4.55\sim1.91mg/kg$，$RMSE$ 值为 $12.19\sim13.80mg/kg$，$NRMSE$ 值为 $18.82％\sim22.58％$，表现为"中等"（表 8.5）。上述统计分析结果说明，DNDC 模型模拟在空间和时间维度上对土壤硝态氮含量的表现相对较差。

模拟值和实测值均表明，施入基肥后，各施肥处理呈现出随着有机氮施入比例的增大 NO_3^--N 含量先降后升的趋势，这一方面是由于无机氮肥效快，能迅速产生大量无机养分；另一方面，有机氮于播种期一次性施入，导致其矿化量也较大。追肥后配施有机氮处理肥效持久的优势开始显现，NO_3^--N 含量由大到小基本表现为 U$_1$O$_1$、U$_1$O$_3$、O$_1$、U$_3$O$_1$、U$_1$。

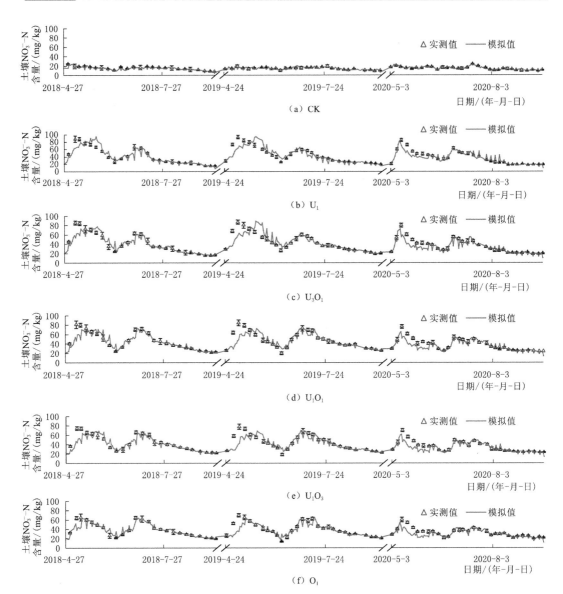

图 8.4　0～20cm 深度土壤硝态氮模拟值与实测值比较

表 8.5　　　　　　　　　模拟和测量的每日 $NO_3^- - N$ 含量之间的统计评估

处理	实测值/(kg/hm²)	MBE/(mg/kg)	RMSE/(mg/kg)	NRMSE/%	R^2
CK	14.48±1.17	−4.55	12.99	22.58	0.69
U_1	41.29±2.54	−3.29	12.19	18.82	0.72
U_3O_1	40.25±2.53	−3.69	12.59	18.89	0.70
U_1O_1	43.54±2.68	−2.81	13.36	19.36	0.71
U_1O_3	40.60±2.41	0.26	13.80	21.05	0.71
O_1	37.00±2.30	1.91	12.58	20.57	0.69

8.3.4　土壤氨挥发

由图 8.5 和图 8.6 可以看出，DNDC 模型对土壤氨挥发排放通量及累积排放量模拟效

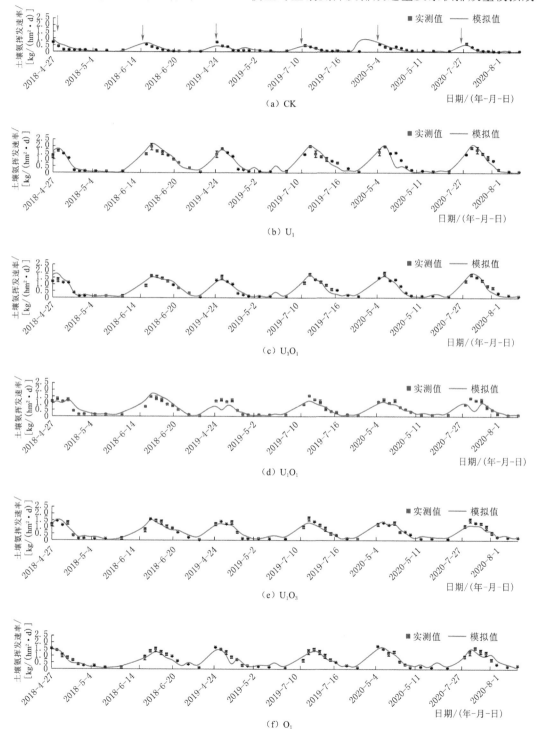

图 8.5　土壤氨挥发速率模拟值与实测值

果较好，但模型模拟值对土壤氨挥发量有所低估。统计分析显示，各处理排放通量和累积排放量 R^2 值分别在 $0.62\sim0.83$、$0.74\sim0.91$；MBE 值分别为 $-0.52\sim0.15\text{kg/hm}^2$ 和 $-6.42\sim1.58\text{kg/hm}^2$；$RMSE$ 值分别为 $0.15\sim0.65\text{kg/hm}^2$ 和 $1.20\sim5.15\text{kg/hm}^2$，$NRMSE$ 值分别为 $16.57\%\sim20.43\%$ 和 $10.69\%\sim17.33\%$（表 8.6），模型模拟性能表现为"中等"。

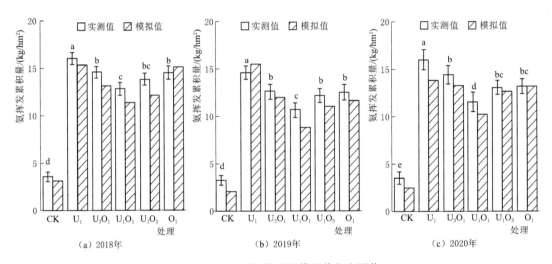

图 8.6　土壤累积排放量模拟值与实测值

（红色箭头表示施基肥，粉色箭头表示追肥及灌水事件。数据表示 3 次重复的平均值，误差线为标准误差）

表 8.6　　模拟和测量的每日 NH_3 通量之间的统计评估以及年 NH_3 通量

NH_3 排放量类别	处理	实测值/(kg/hm²)	MBE/(kg/hm²)	$RMSE$/(kg/hm²)	$NRMSE$/%	R^2
	CK	0.07 ± 0.01	0.15	0.21	16.57	0.62
	U_1	0.20 ± 0.02	-0.52	0.15	17.26	0.83
NH_3 日排放量	U_3O_1	0.87 ± 0.04	-0.33	0.22	18.01	0.75
	U_1O_1	0.78 ± 0.05	-0.41	0.31	18.25	0.79
	U_1O_3	0.65 ± 0.05	-0.28	0.65	20.43	0.71
	O_1	0.73 ± 0.07	-0.10	0.25	20.21	0.66
	CK	3.45 ± 0.56	1.58	1.20	11.02	0.79
	U_1	15.54 ± 0.80	-6.42	2.06	10.69	0.91
NH_3 年排放量	U_3O_1	13.85 ± 0.78	-4.59	3.56	13.52	0.83
	U_1O_1	11.66 ± 0.82	-5.16	4.21	13.79	0.75
	U_1O_3	13.03 ± 0.70	-3.29	4.02	17.33	0.77
	O_1	13.40 ± 0.76	-4.12	5.15	15.89	0.74

　　从实测值及模拟值均可以看出，施氮会显著增加土壤氨挥发，各施肥处理土壤氨挥发显著高于 CK 处理，2018—2020 年各处理实测氨挥发速率为 $0.032\sim1.975\text{kg/(hm}^2\cdot\text{d)}$，模拟氨挥发速率则为 $0.002\sim1.756\text{kg/(hm}^2\cdot\text{d)}$。此外，模型可以很好地捕捉到氨挥发

排放峰，各处理在施基肥和追肥后 1～2d 迅速出现排放峰值，随后逐渐进入低挥发阶段。从氨挥发排放总量来看（图 8.6），各施肥处理表现出随着有机氮施入比例的增加氨挥发累积排放量呈先升后降的趋势，且均以 U_1O_1 处理最低，U_1O_1 处理 3 年实测值及模拟值较其他施肥处理分别降低 8.13%～62.12% 和 6.34%～90.89%。

8.3.5 土壤氧化亚氮排放

图 8.7 显示了春玉米生长季 N_2O 排放通量实测值和模拟值的动态变化及量级比较。

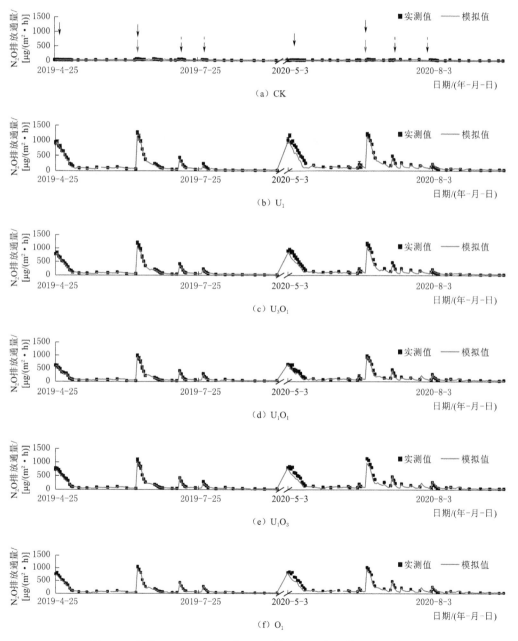

图 8.7 各处理 2019—2020 年 N_2O 排放通量实测值和模拟值比较

可以看出，DNDC 模型能够较好地捕捉到 N_2O 排放峰，峰值基本出现在施肥和灌溉或降雨事件之后。统计分析结果表明，不同处理 R^2 值分别为 0.64～0.73、0.71～0.82；模拟值与实测值平均偏差均为负数，MBE 值分别为 -253.59～50.56kg/hm^2、-0.69～0.28kg/hm^2；不同处理 $RMSE$ 值分别为 2.40～65.56kg/hm^2、0.80～4.33kg/hm^2，$NRMSE$ 值分别为 20.41%～25.19%、12.53%～15.60%，表现为"中等"（表 8.7）。分析 N_2O 排放总量实测值和模拟值变化情况可知（图 8.8），DNDC 模型对各处理 N_2O 排放量均有所低估。

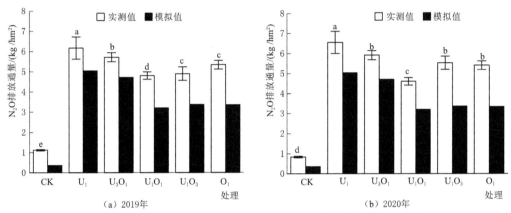

图 8.8　各处理 2019—2020 年 N_2O 排放通量实测值和模拟值比较

表 8.7　模拟和测量的每日 N_2O 通量之间的统计评估以及年 N_2O 通量

N_2O 排放通量类别	处理	实测值/（kg/hm²）	MBE/（kg/hm²）	$RMSE$/（kg/hm²）	$NRMSE$/%	R^2
N_2O 日排放通量	CK	29.61±1.54	50.56	2.40	23.12	0.65
	U_1	329.19±18.83	-253.59	19.21	20.41	0.73
	U_3O_1	285.55±17.25	-200.98	50.25	24.15	0.71
	U_1O_1	224.35±18.00	-214.25	49.98	25.19	0.68
	U_1O_3	256.53±15.29	-109.65	65.56	23.46	0.64
	O_1	274.68±14.60	-191.91	56.32	22.41	0.69
N_2O 年排放通量	CK	0.78±0.05	0.28	0.80	12.53	0.72
	U_1	5.36±0.30	-0.69	1.15	13.25	0.71
	U_3O_1	4.81±0.27	-0.52	2.31	13.58	0.75
	U_1O_1	3.99±0.25	-0.55	3.02	14.59	0.81
	U_1O_3	4.48±0.24	-0.12	3.85	15.00	0.80
	O_1	4.74±0.24	-0.62	4.33	15.60	0.82

8.3.6　土壤溶液中硝态氮含量

土壤溶液中 $NO_3^- - N$ 浓度的模拟值是通过 DNDC 模型模拟土壤硝态氮含量［单位：kg/（hm² · d）；40～50cm 深度］和含水量（WFPS；40～50cm 深度）间接获得的，实测值是通过土壤溶液提取器获得的。如图 8.9 所示，DNDC 模型基本可以较好模拟玉米生长季

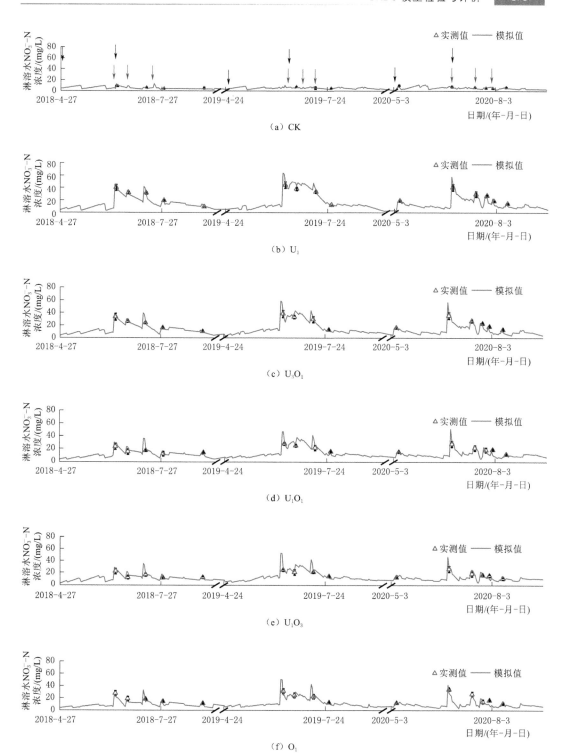

图 8.9　土壤水溶液中 $NO_3^- - N$ 浓度模拟值与实测值之间的比较

（黑色箭头表示施肥处理的施肥事件，粉色箭头表示灌水。数据表示 3 次重复的平均值，误差线为标准误差）

土壤溶液中 $NO_3^- - N$ 浓度变化规律和量级，DNDC 模型高估了生育前期土壤溶液 $NO_3^- - N$ 浓度，而对于后期有所低估。统计分析发现，除 CK 处理 R^2 为 0.61 外，其余施肥处理 R^2 均达到 0.9 以上，MBE 值为 4.59～11.36kg/hm²；$RMSE$ 值为 1.27～3.02kg/hm²，$NRMSE$ 值为 6.94%～16.53，综合各指标来看，模型模拟性能均在"较好"和"优秀"范围内。从实测和模拟结果均可以看出，施肥会显著增加土壤溶液 $NO_3^- - N$ 浓度，在各施氮处理之间，表现出有机氮施入比例增加土壤溶液 $NO_3^- - N$ 浓度逐渐减小的趋势。

8.3.7　土壤硝态氮淋失量

土壤硝态氮淋失量是通过淋溶水硝态氮浓度和淋溶水量求得的，由图 8.10 可以看出，不同处理条件下，DNDC 模型模拟的氮素淋失量与观测值之间有较好的一致性。统计分析显示，各处理 R^2 均达到 0.7 以上，MBE 值为 -2.69～3.98kg/hm²，$RMSE$ 值为 0.49～1.11kg/hm²，$NRMSE$ 值为 5.91%～12.53%，综合各指标来看，模型模拟性能均在"较好"和"优秀"范围内。

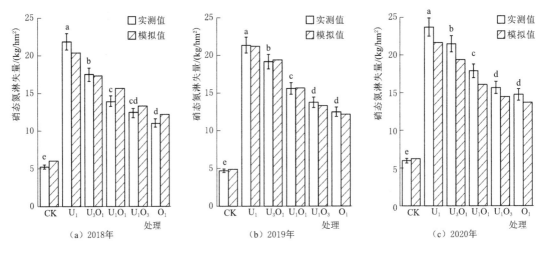

图 8.10　硝态氮淋失量模拟值与实测值之间的比较

（数据表示 3 次重复的平均值，误差线为标准误差）

实测值和模拟值均表明，施氮会显著增加土壤硝态氮淋失量，各施肥处理 3 年实测和模拟硝态氮淋失量均值较 CK 处理分别高出 1.4～3.1 倍、1.2～2.6 倍。各施肥处理之间表现出有机氮施入比例增加硝态氮淋失量减少的趋势，其中 O_1 处理 3 年实测硝态氮淋失量均值较 U_1 处理降低 42.6%，模拟硝态氮淋失量均值较 U_1 处理降低 39.6%。

8.4　用 DNDC 模型确定盐渍化玉米农田最优管理措施

8.4.1　情景设置及敏感性分析

为了研究不同管理措施对春玉米产量及氮素损失的影响，对验证后的 DNDC 模型进行敏感性分析，以确定能够有效提高产量和减少氮素损失的因素。本书所述研究以当地优化施肥模式 U₁ 处理（耕作深度 20cm，2 次施氮 240kg/hm²，施肥日期分别为 4 月 27 日和 6 月 14 日，生育期 3 次灌溉，灌溉日期分别为 6 月 14 日、7 月 10 日和 7 月 27 日，每次灌溉均为 50mm）为基准情景，选择施氮量（有机氮、无机氮）、施肥次数和灌溉量等参数进行单因素模拟试验，通过在适当范围内改变单个管理参数的值，同时保持所有其他参数值不变的方式进行模型模拟，气象资料、土壤性质和耕作措施的其他参数与 2018 年试验点的观测数据一致。共有 9 种情景单独运行（表 8.8），计算敏感性指数，以评估模拟结果对不同情景输入参数的影响程度，计算公式为

$$S = \frac{O_2 - O_1}{O_{12}} \bigg/ \frac{I_2 - I_1}{I_{12}} \tag{8.5}$$

式中：S 为相对灵敏度指数；O_1 为对应于参数 I_1 的模型输出值；O_2 为对应于参数 I_2 的模型输出值；O_{12} 为 O_1 和 O_2 的平均值；I_1 为管理参数中的最小输入值；I_2 为给定参数中的最大值；I_{12} 为 I_1 和 I_2 的平均值。

相对灵敏度指数（S）的绝对值越大，投入管理参数对模型产量或硝态氮浸出量的影响越大，S 为负值表明投入管理参数与作物产量或氮素损失量呈负相关关系。

表 8.8 敏感性分析管理方案

管理方案		无机氮施入量/(kg/hm²)	有机氮施入量/(kg/hm²)	无机氮分施次数/次	灌水定额/mm
基线	1	240	0	2	75
备选方案	2	180	0	2	75
	3	300	0	2	75
	4	240	60	2	75
	5	240	120	2	75
	6	240	0	1	75
	7	240	0	3	75
	8	240	0	2	60
	9	240	0	2	90

由表 8.9 可以看出，不同管理方法会影响玉米产量、NH_3 挥发量、N_2O 排放量及硝态氮淋失量。增施无机氮肥对作物产量的影响并不明显，但会显著增加 NH_3 挥发、N_2O 排放量和硝态氮淋失量，将无机氮施用量从 240kg/hm² 改为 180kg/hm² 和 300kg/hm² 时，硝态氮淋失量分别降低 25.83% 和增加 31.67%，NH_3 挥发量分别降低 20.21% 和增加 20.21%，N_2O 排放量则分别降低 12.42% 和增加 25.00%。同时，适当改变灌水量并不会对作物产量产生明显影响，而对土壤氮素淋失量影响较大，当灌水量从 75mm 减少为 60mm 和增加为 90mm 时，土壤硝态氮淋失量分别减少 13.75% 和增加 15.83%，NH_3 挥发量分别降低 9.89% 和增加 9.11%，N_2O 排放量分别降低 9.91% 和增加 18.71%。相反，增加有机氮施用量会显著提高玉米产量，而氮素损失量增加幅度较小，当有机氮施入量从 0 增加到 60kg/hm² 和 120kg/hm² 时，作物产量分别增加 10.96% 和 24.54%。此外，当无机氮肥施肥次数由 2 次增加到 3 次时，玉米产量增加幅度为 2.67%，硝态氮淋失量、NH_3 挥发量、N_2O 排放量分别增加 7.08%、17.08% 和 4.43%；当无机氮施肥次数由 2

次改为 1 次时，玉米产量减少 4.13％，硝态氮淋失量、NH_3 挥发量和 N_2O 排放量分别减少 13.75％、7.71％和 8.96％。

敏感性指数表明（表 8.9），在 4 种替代管理措施中，无机氮施入量和灌溉量对土壤氮素损失量影响较大，NH_3 挥发量敏感性指数分别为 0.55 和 0.45，N_2O 排放量敏感性指数分别为 0.70 和 0.69，硝态氮淋失量敏感性指数分别为 1.27 和 0.84。而增施有机氮和增加无机氮施肥次数对氮素损失量影响相对较小。在产量方面，灌溉量（$S=0.03$）、有机氮施入量（$S=0.11$）、无机氮分施次数（$S=0.10$）和无机氮施入量（$S=0.06$）对作物产量均产生较大影响。综合敏感性指标分析结果来看，不同管理措施对氮素损失及玉米产量均产生正效应，单一因素改变并不能达到经济效益和环境效益双赢的目标。本书所述研究中，减少无机氮施用量会明显降低土壤氮素损失量，但也会造成作物减产，而增大有机肥施入量并不会造成氮素大量损失，同时可以达到增产的效果。因此，从农户管理实践来看，进行有机无机氮配施是寻求高产和低氮损失的有效管理措施。

表 8.9　　　　　不同管理方案对氮素损失量和产量的影响及其敏感性指标

管理实践	基线	管理参数变化	N_2O 排放量/(kg/hm^2)	NH_3 挥发量/(kg/hm^2)	硝态氮淋失量/(kg/hm^2)	产量/(kg/hm^2)	敏感性指数(S)			
							N_2O 排放量	NH_3 挥发量	硝态氮淋失量	产量
无机氮施入量/(kg/hm^2)	240	180	5.57	15.34	14.8	10126	0.70	0.55	1.27	0.06
		240	6.36	18.44	21	10639				
		300	7.95	20.23	28.6	10596				
有机氮施入量/(kg/hm^2)	0	0	6.36	18.44	21	10639	0.09	0.05	0.13	0.11
		60	6.85	18.90	24.1	11805				
		120	7.15	20.33	27.2	13250				
无机氮分施次数/次	2	1	5.79	17.12	18.2	10200	0.34	0.23	0.22	0.10
		2	6.36	18.44	21	10639				
		3	6.94	21.59	22.7	11320				
灌溉量/mm	75	60	5.73	16.78	17.7	10262	0.69	0.45	0.84	0.03
		75	6.36	18.44	21	10639				
		90	7.55	20.12	24.8	10761				

8.4.2　最优有机无机氮配施比例确定

通过设置 11 种有机无机氮配施（有机肥占施氮总量的 0、10％、20％、30％、40％、50％、60％、70％、80％、90％、100％）比例，并保持其他管理参数一致，探索最佳有机氮替代化肥氮比例。利用 2018—2020 年试验站每日气象资料，对每种情景进行 3 年的模型模拟，并计算了 N_2O 排放量、NH_3 挥发量、硝酸盐淋失量和玉米产量的平均值。

本书所述研究利用 DNDC 模型来确定基于农艺及环境角度的最佳有机无机氮肥配施比例，目的是寻求一种既能使玉米获得高产，又能使 N_2O 排放量、NH_3 挥发量和硝态氮淋失量控制在可接受水平的临界有机氮替代化肥比例。我国玉米生产的现行文献和政府法规中均没有规定产量的标准值。因此，本书所述研究认为，籽粒产量不随有机氮施入比例的增加而下降或者不低于基准情景为可接受产量。同时，在已有的研究中并未找到 NH_3 挥发和 N_2O 排放的合适范围，因此以尽可能减少 NH_3 挥发量和 N_2O 排放量为目标。根据我国《地下水质量标准》(GB/T 14848—93)，16.2kg/hm² 的氮淋失符合人体健康标准 (20mg/L)，渗漏到地下水中的硝酸盐主要由灌溉和降雨引起，模型模拟得到 2018—2020 年农田平均渗水量为 73mm，实际收集到的淋溶水量却达到 81mm，为达到《地下水质量标准》规定的 20mg/hm² 临界值，玉米生长季内累积硝态氮淋失量应该至少小于 16.2kg/hm²。

模拟结果表明（图 8.11），当有机氮施入比例为 0～60％时，3 年平均产量随有机氮施入比例增加而增加，继续增大有机肥施入比例产量则会下降，但是即使当有机氮施入比例达到 100％时，产量依旧比单施无机氮高出 5.44％。可以看出，配施有机氮均可以使产量达到可接受水平，当有机氮施入比例为 60％时产量最佳，较基准情景高出 20.10％。从 NH_3 挥发量和 N_2O 排放通量均值来看，有机氮施入比例增大 NH_3 挥发量和 N_2O 排放通量均呈先升后降的趋势，且均以有机无机氮各半配施最小，较基准情景分别降低 62.04％和 33.47％，随后呈逐渐升高的趋势。从 3 年硝态氮淋失量均值来看，随着有机氮施入比例的增加硝态氮淋失量逐渐减少，单施有机氮处理硝态氮淋失量较基准情景降低 39.52％，当有机氮施入比例为 50％～100％时，硝态氮淋失量降低到可接受水平以下。结合试验区的实际情况，综合玉米产量和硝态氮淋失量来看，可接受的施肥模式是施氮总量为 240kg/hm² 时，有机氮配施比例在 50％以上时，最佳施肥模式为 40％无机氮＋60％有机氮。

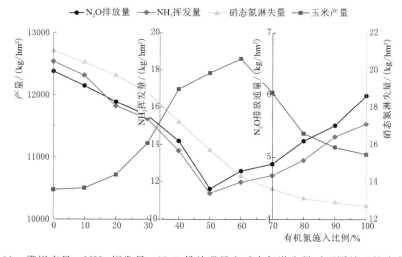

图 8.11　模拟产量、NH_3 挥发量、N_2O 排放通量和硝态氮淋失量对不同处理的响应曲线

8.5　讨　论

8.5.1　模型性能

在本书所述研究中，利用不同处理条件下土壤环境因子、作物产量、NH_3 挥发量、

N_2O 排放通量和 $NO_3^- - N$ 淋溶的多周期测量来评估 DNDC 模型。结果表明，该模型对不同处理条件下作物产量、土壤温湿度、土壤硝态氮含量、N_2O 排放通量以及淋溶水 $NO_3^- - N$ 浓度的测定值与模拟值间的一致性整体较好，然而，模拟和观测的日变化之间仍然有所差异。

本书所述研究发现，在灌溉和降雨事件后，土壤孔隙充水率的模拟值普遍高于实测值，造成这一差异的部分原因可能是土壤湿度的实测值（往往推迟 $1 \sim 2d$ 取样）没有及时观测到，同时，在作物生长后期不再进行灌溉，降雨后土壤干燥开裂造成的优先流也可能会导致模拟值偏高（Zhang 等，2015）。此外，模型在模拟土壤湿度过程中未考虑作物叶片对降雨的截留，忽略了此过程对降雨的影响，因而土壤水分模拟的差异可能是蒸散模拟的潜在偏差造成的。还有学者认为，DNDC 模型难以捕捉到土壤孔隙充水率变化的原因可能与土壤质地有关（Zhang 等，2015）。

本书所述研究中，DNDC 模型对土壤表层 $NO_3^- - N$ 的模拟结果较差，总体来看，模型低估了各处理 $0 \sim 20cm$ 深度土层的 $NO_3^- - N$ 含量。从对照处理来看，该处理没有任何氮素补充，所以土壤硝态氮主要来源于作物残渣的分解和土壤本身的矿化氮，而 DNDC 模型低估测定值的原因是对该作用没有进行很好的预测，这也是施肥处理模拟值低于实测值的原因。此外，模拟结果基本上捕捉到了田间实测到的灌溉或强降雨和施氮肥后引发的较大量的氨挥发和 N_2O 排放峰，两者主要在土壤氨挥发、N_2O 排放峰的峰值和出现时间上较为接近，模型较好地拟合了田间 N_2O 排放通量的生长期变化。需要指出的是，虽然能够比较准确地模拟该地区土壤氨挥发和 N_2O 排放情况，但模型还存在一些偏差，对土壤 NH_3 挥发量和土壤 N_2O 排放量的模拟普遍偏低，可能原因是，河套灌区地下水埋深较浅，3 年生育期地下水埋深介于 $0.52 \sim 2.41m$，潜水蒸发为 NH_3 挥发及 N_2O 排放提供了良好条件。此外，结合土壤矿化氮含量的结果可知，DNDC 模型忽略了作物残茬的分解作用，导致各施肥处理模拟低估了测定值。

本书所述研究发现，生育前期土壤溶液中 $NO_3^- - N$ 浓度的模拟值要高于实测值，这可能也是表层土壤硝态氮模拟值偏低的原因，而模型可能对作物生育后期土壤氮素矿化量没能进行良好的预测，导致土壤表层硝态氮含量和土壤溶液中硝态氮浓度模拟值均低于实测值，是模型需要改进的地方。DNDC 模型基本上可以模拟土壤氮素淋失量，但仍有所差异，一方面是由于使用陶瓷吸盘采集的样品并不能完全代表土壤渗滤液，并且覆盖范围或样品体积有限，样品存在显著的不确定性；另一方面，不同深度土壤的异质性也是应用模型模拟氮素淋失的障碍之一。因此，在以后的研究中，应当进一步改进水文和 $NO_3^- - N$ 淋溶相关过程的参数，以便更加准确地模拟土壤 $NO_3^- - N$ 淋失过程。

8.5.2　不同管理措施对玉米产量、NH_3 挥发量、N_2O 排放通量和氮素淋失量的影响

本书所述研究结果表明，不同管理措施均会对玉米产量、NH_3 挥发量、N_2O 排放通量和 $NO_3^- - N$ 淋失量产生影响。当无机氮施用量保持在 $240kg/hm^2$、灌水量为 $60 \sim 90mm$ 时，玉米产量呈逐渐增加的趋势；当灌水量保持在 $75mm$，无机氮施用量为 $180 \sim 300kg/hm^2$ 时，玉米产量呈先升后降的趋势。这是因为在供水较差的条件下，水分会限制氮素的发挥从而造成减产；在供水充足的条件下水分为养分释放提供了良好的基础，适宜的施氮量会提高水分利用率，过量施肥则会造成作物徒长，不利于作物增产（吕丽华等，2014）。不同管

理措施对 NH_3 挥发量、N_2O 排放通量的影响与 $NO_3^- - N$ 淋失相似,增大灌水量、施氮量以及施肥次数均会促进氮素损失。前人研究表明,施氮是导致 $NO_3^- - N$ 淋失的重要因素,灌水是 $NO_3^- - N$ 淋失的必要条件,且随着施氮量和灌溉量的增加,硝态氮的淋失风险也极大地提高(Zhang 等,2015)。本书所述研究发现,增加无机氮分施次数可以提高玉米产量,这主要是因为适当的施肥方式更加符合玉米对氮素的需求,尤其是对抽雄-成熟籽粒形成的关键时期进行养分补充更加利于增产(Wang 等,2014)。而由于该试验中施肥是与灌水同时进行的,会加速氮素水解,导致 NH_3 挥发量、N_2O 排放量和 $NO_3^- - N$ 淋失量也随着施肥次数的增加而增加。同时,增加施肥次数也会导致劳动力成本增加,从经济效益的角度考虑并不利于当地农民的管理实践。

有机无机肥料配施是农业可持续发展的热点,是现代施肥技术的重要方向。有研究表明,在试验初期,单施无机氮处理的产量要明显高于单施有机氮处理,而经过长期培肥过后,单施有机氮处理的产量才可能达到或超过单施无机氮处理。而本书所述研究发现,即使在试验初期,单施有机氮处理的产量也要高于单施无机氮处理,一方面,这可能是由于该试验点土壤氮背景值较高,能产生较多的速效养分;另一方面,本书所述研究选用的有机氮含氮量为 10%,矿化过程中会产生较多无机氮供作物吸收;此外,有机肥可以改良土壤理化性质,且其中含有中微量元素。本书所述研究表明,当有机无机氮施入比例为 3∶2 时,最有利于作物增产,其原因可以归结为,该有机无机氮配施比例可以更好地调控土壤氮素的固持和释放,协调土壤氮素供应,满足作物生育期对养分的需求,从而有利于作物增产。

本书所述研究表明,配施有机氮可以降低土壤氮素淋失量。部分原因是施入有机肥能够增加土壤活性有机碳含量和团聚体粒径,提高阳离子代换量,增加对硝态氮的固持作用,使较多氮素存于耕层土壤,而玉米根系层也主要位于耕层,故有利于作物对氮素的吸收而减少其淋失量。同时,配施有机肥为土壤微生物增殖生长提供营养元素,在作物生长初期需氮不多的情况下,施入有机肥增加微生物活性使得更多无机氮被固定并得以保存,当作物需氮较多且土壤碳、氮源缺乏时,微生物前期固定的氮被释放,实现氮肥供应和作物氮需求在时间上的同步,从而减少氮素淋失(He 等,2016)。此外,本书所述研究发现,增加氮素的施肥次数会增大 $NO_3^- - N$ 淋失量,该试验中有机氮全部 1 次性基施,而无机氮分 2 次施入,这可能也是无机氮施入比例减少而氮素淋失量降低的原因之一。

8.6 本 章 小 结

摸清土壤氮素循环过程,对于深入了解有机无机氮配施条件下盐渍化玉米农田产效机制具有重要作用。本章构建了有机无机氮配施条件下盐渍化玉米农田氮素循环过程模型(DNDC),并基于该模型模拟研究了盐渍化农田玉米产量及氮素损失情况。主要取得以下结论:

(1)以 2018—2020 年单施无机氮处理为基础,对参数进行校正,随后用其他处理对校正后的参数进行模型验证。结果表明,该模型能很好地模拟作物产量(标准均方根误差小于 5%),模型基本上可以模拟土壤温度(0~5cm 深度)及土壤湿度(0~20cm 深度)

生育期动态变化及量级（标准均方根误差分别为 12.88%～13.07%、8.32%～8.95%），模型对表层土壤硝态氮含量模拟效果较差，模拟值对土壤硝态氮含量有所低估（标准均方根误差为 18.82%～22.58%）。模型也基本上可以模拟土壤 NH_3 挥发、硝态氮淋溶、N_2O 排放（标准均方根误差小于 25%）。总体来看，DNDC 模型可以成功应用于本书所述研究中的轻度盐渍化土壤。

（2）利用该模型模拟评估不同管理措施对玉米产量和氮素损失量的影响时发现，在单施无机氮处理的基础上，增加无机氮施用量会导致作物产量下降，而且会显著增加氮素损失量；增加灌水量和无机氮施肥次数会增加玉米产量，同时也会造成氮素大量损失。增加有机氮施用量会显著提高玉米产量，但并不会造成大量氮素损失。因此，进行有机无机氮配施是适用于河套灌区的合理的管理措施。

（3）DNDC 模型模拟表明，在施氮总量为 240kg/hm² 、有机无机氮配施比例为 3∶2 时，玉米产量可达最高值；有机无机氮配施比例为 1∶1 时，NH_3 挥发量和 N_2O 排放量最低；单施有机氮处理的硝态氮淋失量最低。综合来看，当有机氮施入量为 144kg/hm²、无机氮施入量为 96kg/hm² 时，玉米产量最高，氮素损失量也在可接受水平，可确定为轻度盐渍化土壤最优有机无机氮配施模式。

第9章 长期有机无机氮配施对玉米产量和含氮气体排放的影响

近几十年来，我国人口快速增长，作物高产一直是农业生产的主要目标。统计数据表明，我国玉米总种植面积达到 3500 万 hm^2，产量达到 2.16 亿 t。作物增产是以大量施用氮肥为代价的，我国氮肥年施用量已达到 5980 万 t。而我国氮素利用效率仅在 30% 左右，远低于世界平均水平，约有 1500 万 t 氮素通过淋溶、NH_3 挥发和 N_2O 排放等途径损失。因此，合理利用氮肥资源是保证粮食安全和环境安全的重要手段。

氨挥发是氮素损失的主要途径，在大气中，NH_3 很容易被二氧化硫和氮氧化物气体中的酸性物质中和，并且长期以来被认为是形成二次硫酸盐和硝酸盐气溶胶的重要因素，还可造成酸化以及水体富营养化。N_2O 则通过微生物介导的硝化和反硝化过程在土壤中自然产生，是导致全球变暖的主要温室气体之一，全球温室效应有 6% 是由 N_2O 形成的。农业生产无疑是氮素损失的主要来源，约 47% 的氮素以 NH_3 挥发和 N_2O 排放的形式进入到大气中。因此，在农业生产实践中，减少氮素气体损失及提高粮食生产效率是当前亟待解决的科学问题。

我国是世界上有机废弃物产出大国，大量有机废弃物经过处理后作为肥料资源施入土壤是解决农业生产可持续发展的有效措施。有机无机肥料配施具有快速、持久的效果，可以达到提高土壤肥力和缓解环境恶化的良好效果（Li 等，2015）。近年来，对于有机无机肥料配施的研究十分活跃，现已成为发展最快的领域。综合前人研究来看，相较于单施化肥，有机无机肥料配施能够达到增产或稳产的效果。然而，有机无机肥料配施对土壤氮气流失的主要途径，尤其是 NH_3 挥发和 N_2O 排放的影响研究结论不尽一致。有研究认为，施用有机肥能增加土壤有机酸含量并降低土壤 pH 值，从而降低土壤 NH_3 挥发损失。然而，也有研究表明施用有机肥的农田因有机质含量较高引起土壤具有较高的脲酶活性，从而增加土壤 NH_3 挥发损失。此外，Li 等（2015）研究发现，有机肥的施入为微生物活动提供了能量，促进硝化、反硝化进程，增加了 N_2O 排放量。也有报道称，在等氮量条件下，单施化肥处理显著高于有机无机肥料配施处理下的 N_2O 排放量。上述研究结果的差异，可能源于有机肥种类、有机无机肥料配施比例、肥料施用年限、气候条件以及土壤状况等。因此，针对河套灌区复杂条件下的土壤状况，调节有机肥替代化肥比例应该是保证作物产量及减少氮气流失的有效措施。

玉米是河套灌区主要的粮食种植作物之一，短期试验表明，有机无机肥料配施可以提高作物产量及土壤肥力，而经过长期培肥后，土壤肥力可能不再是限制作物生长的因素，且可能导致大量氮素气体的排放（Liu，2015）。目前，长期尺度（如 20 年）上不同有机无机肥料配施比例对玉米产量及含氮气体（N_2O、NO、N_2 及 NH_3）的影响尚未见报道。

这主要是因为在空间和时间上存在局限性，尤其是涉及观测指标较多并且试验年限较长时，成为田间试验的难题。因此，在更大范围内预测产量或氮气损失则须依赖一些数学模型。DNDC 模型是基于过程的生物地球化学模型，可以详细地将氮素转化与水文过程结合，用来模拟作物产量、氮素淋溶以及温室气体的排放等，被认为是评估管理实践对农业生态系统氮素损失影响的有用工具，并已应用到全球不同国家和生态系统中。因此，本书所述研究量化长期有机无机肥料配施管理对作物产量和含氮气体排放的影响，确定可以提高作物产量并减少环境污染的可持续施肥管理模式，对于有机农业可持续发展具有重要意义。

课题组已在内蒙古河套灌区开展了为期 3 年的田间试验，研究了不同有机无机肥料配施比例对春玉米产量、NH_3 挥发、N_2O 排放和土壤环境变量（土壤温湿度、表层土壤硝态氮含量）的影响。本书所述研究整合田间试验成果，用于校正 DNDC 模型，并利用河套灌区解放闸灌域 1995—2014 年的气象资料，模拟长期不同有机无机肥料配施条件下春玉米产量和农田含氮气体排放的响应，综合评价不同有机无机肥料配施条件下作物产量的稳定性以及环境效应。

9.1　测定项目与方法

9.1.1　土壤理化性质及产量测定

每周测定 1 次土壤温度（0～5cm 深度）、土壤孔隙充水率（0～20cm 深度）及土壤硝态氮含量（0～20cm 深度，用 2mol/L KCl 浸提法对土壤进行提取，用连续流动分析仪进行测定）。玉米收获期，在各小区分别选取 20m²（4m×5m）区域进行风干、脱粒，测定籽粒产量。

9.1.2　土壤氨挥发测定

试验采用通气法。用聚氯乙烯硬质塑料管制成高 10cm、内径 15cm 的通气法装置，并均匀地将两块厚度均为 2cm、直径为 16cm 的海绵浸以 15mL 的磷酸甘油溶液（50mL H_3PO_4＋40mL $C_3H_8O_3$，定容至 1000mL）后置于装置中，下层海绵距管底 5cm，上层海绵与管顶部相平，并将装置插入土中至 1cm 深处。在各装置顶部 20cm 处支撑起 1 个遮雨顶盖以防降雨对装置产生影响。

于施肥当天开始捕获氨的挥发，在各小区的对角线上分别安置 3 个氨捕获装置，次日早晨 8：00 取样，取样时将下层海绵迅速取出并装入有对应编号的自封袋中，密封。同时将刚刚浸润过的另 1 块海绵换上，上层海绵视其干湿状况每隔 2～4d 更换 1 次。用 500mL 塑料瓶将取出的海绵剪碎后装入，加入 300mL 浓度为 1.0mol/L 的 KCl 溶液，将海绵完全浸润于其中之后振荡 1h，采用连续流动分析仪（型号 Aquakem 250）测定浸取液中的铵态氮含量。施肥后的最初 1 周，每天取 1 次样，之后视监测到氨挥发的量每隔 2～5d 取 1 次样，直至监测不到为止。

土壤氨挥发速率计算公式为

$$V=\frac{M}{A \times D} \times 10^{-2} \tag{9.1}$$

式中：V 为氨挥发速率，kg/（hm² · d）；M 为通气法单个装置平均每次测得的，NH_3 - N，

mg；A 为捕获装置的横截面积，m^2；D 为每次连续捕获的时间，d。

9.1.3 N₂O 排放测定

利用静态暗箱法进行气体采集，箱子尺寸为 0.5m×0.5m×0.5m。采样点定于玉米垄间，于播种后随机确定，将箱子的底座密封槽埋在土壤中，在密封槽中加入水，防止箱内气体外溢，箱内放置 1 支温度计，用于测定箱内温度水平。取样时用 3 通阀进气，每次取样用 100mL 注射器从采样箱采样口抽气约 100mL，气体采集时间间隔 10min，每次采样 4 个。采集的气体在实验室用 Agilent 6820 气相色谱仪（型号 Agilent 6820D）进行测定分析。气体采集时间位于灌溉、施肥和降雨后，连续取样，其他时间取样频率约 1 周 1 次，并根据作物生长及季节变化适当调整。

N₂O 气体排放通量计算公式为

$$K = \rho \times H \times \frac{dc}{dt} \times \frac{273}{273 + T} \tag{9.2}$$

式中：K 为 N₂O 排放通量，$\mu g/(m^2 \cdot h)$；ρ 为标准状态下 N₂O 气体密度，其值为 1.977g/L；H 为静态暗箱高度，cm；dc/dt 为采样时 N₂O 浓度随时间变化的斜率；T 为采样箱内平均温度，℃；273 为气体方程常数。

N₂O 气体排放总量计算公式为

$$K_t = \sum \frac{K_{i+1} + K_i}{2}(D_{i+1} - D_i) \times 24 \times 10^{-3} \tag{9.3}$$

式中：K_t 为 N₂O 排放总量，mg/m^2；K_i、K_{i+1} 为第 i 次和第 $i+1$ 次采样时 N₂O 排放通量，$\mu g/(m^2 \cdot h)$；D_i、D_{i+1} 为第 i、第 $i+1$ 次采样时间，d。

9.2 长期有机无机氮配施对作物产量和含氮气体排放的影响

长期模拟的气象数据为河套灌区解放闸灌域管理局 1995—2014 年的气象数据，距试验区 5km 左右。春玉米生长季内平均气温介于 10.5～28.4℃，平均气温为 17.3℃。降雨量在春玉米生长季内分布介于 64.60～180.56mm，平均降雨量为 105.54mm。

玉米的播种和收获时间参考该区实际的田间操作时间，播种时间保持在每年的 4 月底或者 5 月初，于当年 9 月中旬收获。玉米生长季灌水次数参照该试验农田操作的实际情况，于玉米生拔节期、大喇叭口期、抽雄期设计 3 次灌水，每次灌水量均保持在 50mm。根据初步设计的灌溉时间和灌溉量运行 DNDC 模型，然后根据模型输出结果观察作物生长过程中是否存在水胁迫，以进一步调整灌溉的具体时间，以减少由水胁迫造成的作物减产，影响施氮的效应。

9.3 长期有机无机氮配施条件下玉米产量和含氮气体排放

9.3.1 玉米产量

连续 26 年春玉米种植发现，相比 CK 处理，施氮能显著增加玉米产量（图 9.1）。从产量动态变化情况来看，各处理在模拟期间基本能够保持稳定，CK 处理玉米产量为 5182.56～7046.84kg/hm²，各施氮处理的年动态变化差异较大，玉米产量为 8480.64～13063.54kg/hm²。总体来看，25%、50% 和 75% 有机氮替代处理随着施肥年限的增加玉米产量呈逐渐上升趋势，而 U_1 和 O_1 处理产量呈逐渐下降的态势。此外，本书所述研究还发现，配施有机氮均可以提高玉米产量，各处理在整个模拟期间的产量基本呈现出 $U_1O_1 > U_1O_3 > O_1 > U_3O_1 > U_1$ 的态势。

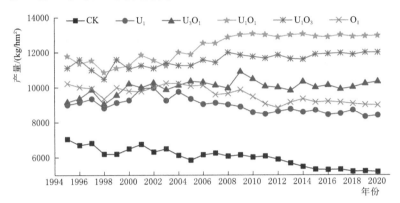

图 9.1　DNDC 模型模拟不同施肥条件下玉米产量的变化

　　由于施肥对作物生长的影响具有缓效性，因此本书所述研究以大约 5 年为一个周期，将 1995—2020 年划分为 5 个时段分析产量变化（表 9.1）。结果发现，CK 处理在第 1 个和第 2 个时段可以维持作物产量，而在随后的第 3～5 个时段则下降至较低水平。在各施肥处理中，U_1O_1 和 U_1O_3 处理的产量在整个模拟阶段均显著高于其他处理，且两者之间没有显著差异，较 U_1 处理分别高出 37.13% 和 28.66%。U_3O_1 处理在模拟期间基本维持在同一水平，为 9396.81～10326.48kg/hm²。O_1 处理玉米产量在前 3 个时段均显著高于 U_1 处理，而在第 4 个和第 5 个时段两者降至同一水平。从多年产量平均值来看，选择适宜的有机无机肥氮施比例（U_1O_1 和 U_1O_3）才能达到增产及稳产的效果，而单施有机氮增产效果并不明显。

表 9.1　　　　　　　　DNDC 模型模拟不同施肥处理下多年平均玉米产量　　　　　　单位：kg/hm²

处理	年　　份					
	1995—1999	2000—2004	2005—2009	2010—2014	2015—2020	平均值
CK	6592.54±454d	6440.38±317d	6097.32±244e	5829.91±198d	5257.74e	6013.35e
U_1	9093.02±267c	9345.82±389c	9092.784±312d	8605.20±312c	8512.68d	8971.55d
U_3O_1	9396.81±458c	10091.34±397b	10326.48±165c	10133.69±406b	10096.23c	10012.27c
U_1O_1	11322.79±462a	11578.47±255a	12564.75±412a	12996.62±723a	12927.54a	12303.02a
U_1O_3	11154.61±670a	11214.91±554a	11622.89±397ab	11703.25±432a	11939.81ab	11542.96ab
O_1	9912.11±552b	10014.44±391b	9468.832±267c	8777.41±321c	9101.92cd	9595.21cd

9.3.2　含氮气体排放

　　DNDC 模型模拟的不同施肥处理条件下含氮气体（N_2O、NH_3、NO 及 N_2）排放动态变化如同 9.2 所示。总体来看，施氮能显著增加含氮气体的排放，N_2O、NH_3、NO 排放量，各处理基本表现为 $U_1 > U_3O_1 > O_1 > U_1O_3 > U_1O_1$，$N_2$ 则基本表现出随着有机氮施入比例的增加而增加的趋势，U_1O_1 处理含氮气体排放总量较 U_1 处理减少了 53.72%（26 年）。N_2O 排放的年变化中，随着施肥年限的增加，U_1 处理和 U_3O_1 处理呈逐渐上升态势，并且波动幅度较大（6.68～14.80kg/hm²）。其他施肥处理在不同年份间波动较小，变化范围为 4.32～6.9kg/hm²。各有机无机氮配施处理 NH_3 挥发在不同年份之间变化差异不大，而在不同施肥处理间差异明显，总体上看，以 U_1 处理最大，为 18.22～22.42kg/hm²，U_1O_1 处理最小，为 11.49～16.97kg/hm²。NO 变化趋势与 N_2O 相似，U_1 处理呈逐渐上升趋势，且年际间波动较大，变化范围为 6.50～16.54kg/hm²，有机氮替代处理之间变化较小，为 4.29～11.09kg/hm²，尤其以 U_1O_1 处理排放最低。N_2 排放中，CK 处理排放量较低，为 0.50～0.92kg/hm²。各施肥处理年际间变化也较小，为 2.34～6.15kg/hm²，且各处理之间表现出有机氮施入比例增加 N_2O 排放量增大的趋势。

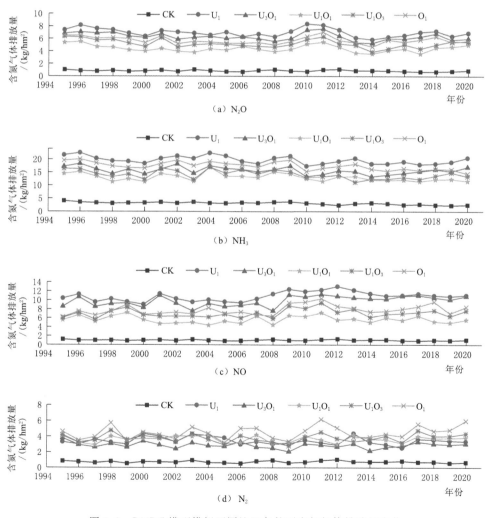

图 9.2　DNDC 模型模拟不同施肥条件下含氮气体排放的变化

9.4 讨 论

9.4.1 长期有机无机氮配施条件下玉米产量

作物产量的可持续性是农业生产可持续性的重要组成部分，通过研究长期施肥条件下作物产量的变化特征，可为农业的可持续发展提供理论支持。本书所述研究表明，不施氮处理作物产量可以在 10 年内维持在较高水平，这是因为在高土壤肥力下，即使不施肥，作物产量也可在短时间内维持在较高水平，而随后作物产量可能由于肥力不足而减产。Manna 等（2005）研究发现，试验初期单施无机氮处理的产量明显高于单施有机氮处理，而经过长期培肥过后，单施有机氮处理的产量才可能达到或超过单施无机氮处理（Manna 等，2005）。而本书所述研究发现，即使在试验初期，单施有机氮处理的产量也高于单施无机氮处理，原因可能为：①该试验点土壤氮背景值较高，能产生较多的速效养分；②该研究选用的有机氮含氮量为 10%，矿化过程中会产生较多无机氮供作物吸收。但本书所述研究也发现，随着培肥时间的延长，单施有机氮和单施无机氮处理的产量呈下降趋势，这也证明合理的有机无机氮配施才能提高作物产量的可持续性。

Lv 等（2020）连续 30 年的有机无机肥配施研究表明，25%～75%的替代比例可以保证作物高产。相似的是，Li 等（2010）的研究也表明，有机肥替代 25% 和 50% 比例化肥均能保证作物高产稳产，但继续提高替代比例将导致减产。而本书所述研究表明，当有机氮施入比例为 50%时最有利于作物增产及稳产，原因可以归结为：在玉米生长前期，需要无机肥供应适量的速效养分，以满足其发育所需，但过量施入无机肥又会造成浪费，因此，施用有机氮替代部分无机氮可以减少前期矿质氮过量累积造成的挥发、淋洗等损失，进入作物生育后期，有机肥持续矿化又能稳定地释放无机氮供作物吸收利用，其中 U_1O_1 处理可以更好地调控土壤氮素的固持和释放，协调土壤氮素供应，不仅可以满足作物生育期对养分的需求，而且可以长时间保持土壤肥力。先前的研究中也发现，U_1O_1 处理可以更好地促进对氮素的吸收利用，从而达到增产的目的。不同试验结果的差异性可能与土壤本身的土壤肥力状况和气候条件等有关。因此，施肥，尤其是合理的有机无机氮配施可显著提高作物产量的可持续性（Xu 等，2014）。

9.4.2 长期有机无机氮配施条件下含氮气体排放

通常认为，施用有机肥既可以改善土壤特性，也能调节土壤对氮素的矿化和固定作用，这些过程均能改变土壤中的硝化和反硝化反应过程。本书所述研究表明，相较于单施无机氮，配施有机氮均可以降低土壤 N_2O 和 NO 排放量。这与其他有机无机肥料配施试验对 N_2O 和 NO 的排放研究的结果一致。究其原因，可能是施入适当的有机肥可以改善土壤理化性质，促进土壤微生物对氮素的固持，而在作物生长中后期，微生物的死亡伴随着体内氮素的释放，可以在玉米生长季内更好地满足作物对氮素的需求，从而在相同氮素施用量的条件下能有效减少氮素向 N_2O 转化（Laura 等，1977）。同时，本书所述研究也表明，单施有机氮也可以较单施无机氮显著降低 N_2O 排放量，一方面是由于有机肥施入提高了异养硝化的无机过程；另一方面，有机肥的施入为反硝化细菌提供能量，促使 N_2O 向 N_2 还原，从而减少 N_2O 排放。

N_2 是反硝化反应的最终产物，大气 N_2 的高背景值及反硝化过程本身的高时空变异性，导致现有测定 N_2 的技术有限。目前，关于有机无机肥料配施对农田土壤 N_2 排放的研究还未见报道。本书所述研究通过 DNDC 模型进行模拟研究发现，N_2 排放量随着有机氮施入比例的增加而增大，这可能是由于长期施入有机肥不但增加了 nirS 和 nosZ 基因拷贝数，对 nirK 基因拷贝数也有明显的提升。因此，增大有机氮施入比例会使反硝化过程进行得更为彻底，导致其最终产物 N_2 排放量增加，这也进一步证明，配施有机肥能够减少 N_2O 排放。

本书所述研究结果显示，有机无机氮配施氨挥发损失较单施无机氮显著降低，而单施有机氮并不能有效抑制土壤氨挥发。这主要是由于尿素和有机肥发生的反应不同，在土壤脲酶的作用下尿素被水解成 NH_4HCO_3，随后迅速转化为 $NH_4^+ - N$，为氨挥发提供充足的底物，使纯无机氮处理的氨挥发损失高于其他处理。而有机肥中的有机质在分解过程中大量有机酸被释放，同时形成腐殖质，抑制了尿素水解过程中土壤酸碱度的升高，从而显著抑制土壤氨挥发，且有机肥配施无机肥能够促进土壤微生物活动，将土壤无机氮固定在有机氮库中，减少了产生氨的无机氮的量，进而降低氨挥发损失。而在等氮量条件下单施有机氮，各种形态的有机氮经过矿化作用转化为 $NH_4^+ - N$，$NH_4^+ - N$ 除被作物吸收利用和土壤吸附外，剩余部分大多以氨形态挥发出来（董文旭等，2020），并不能有效降低氨挥发损失。

9.5 本章小结

（1）经过校验后的 DNDC 模型可以成功地应用于河套灌区，模拟土壤-植物-大气系统中不同过程之间的复杂的相互作用。

（2）应用 DNDC 模型模拟长期有机无机氮配施对连续玉米种植产量的研究结果表明，施氮处理较不施氮处理显著增加了玉米产量，其中以 U_1O_1 产量最高，且在不同年份中的差异不大，较 U_1 处理显著高出 $15.69\%\sim55.31\%$。

（3）在针对含氮气体排放的模拟研究中得出的结果显示，N_2O、NH_3、NO 排放量，各处理基本表现为 $U_1>U_3O_1>O_1>U_1O_3>U_1O_1$，$U_1O_1$ 处理含氮气体排放总量较 U_1 处理减少了 53.72%（26 年）。总的来说，河套灌区长期有机无机氮配施以有机氮替代 50% 无机氮在保证产量的稳定性和减少含氮气体的损失方面是最佳选择。

第10章 结论与展望

10.1 主 要 结 论

（1）通过室内矿化实验，从氮素释放规律角度揭示了有机无机氮配施在盐渍化灌区的适用性。

氮素矿化量是反映土壤供氮能力的重要指标，明确土壤氮素矿化过程对于作物增产意义重大。本书所述研究表明，在轻度盐分条件下，有机氮替代50%无机氮在培养期间产生平稳的氮素矿化过程，且矿质氮含量也处于较高水平。在中度盐分条件下，单施有机氮处理在培养前期氮矿化量较少，而在培养后期氮素矿化量增大。随着盐分水平升至中度以上，配施有机氮会导致土壤矿化量显著减少且矿化周期明显延长，单施无机氮处理的氮素矿化量显著高于其他处理（$P < 0.05$）。从氮素矿化过程来看，有机无机氮配施在灌区轻度、中度盐渍化土壤中适用性较强。

（2）通过田间试验，从土壤供氮特性角度阐明了河套灌区轻度、中度盐渍化玉米农田有机无机氮配施产量效应机理。

河套灌区畦灌玉米在生育后期易发生氮素亏缺，提高该阶段土壤矿质氮含量对于玉米增产至关重要。轻度、中度盐渍化土壤分别以有机氮替代50%无机氮及单施有机氮处理可以在抽雄期-成熟期获得高土壤矿质氮含量，为玉米籽粒灌浆提供了充足的底物，从而提高玉米产量和水氮吸收利用率。在轻度盐渍化土壤中，有机氮替代50%无机氮可获得最高的产量（$12133.81kg/hm^2$）、经济效益（20213.94元/hm^2）、水分利用效率（$2.96kg/m^3$）和氮素利用效率（43.89%），较单施无机氮分别高出19.89%、17.33%、69.09%和14.37%；在中度盐渍化土壤中，有机氮替代100%无机氮处理产量最高（$8397.59kg/hm^2$），同时可以获得较高的经济效益（12364.44元/hm^2）、水分利用效率（$2.16kg/m^3$）和氮素利用率（38.06%），较单施无机氮分别高出27.35%、25.97%、24.33%和96.91%。

（3）通过田间试验，探究了土壤氮素损失对有机无机氮配施的响应，明确了影响土壤氮素损失的关键因子。

合理的有机无机氮配施产生的氮素释放过程可以满足作物对氮素的需求规律，从而降低土壤氮素损失。在轻度盐渍化土壤中，有机无机氮各半配施氨挥发损失量最小，较单施无机氮显著降低28.00%（3年均值，$P < 0.05$）；在中度盐渍化土壤中，配施50%以上有机氮均可以显著降低土壤氨挥发，较单施无机氮显著降低24.18%~28.49%（3年均值，$P < 0.05$）。轻度、中度盐渍化土壤分别以有机无机氮各半配施和单施有机氮 N_2O 排放量最低，较单施无机氮分别显著降低35.59%和26.37%（2年均值，$P < 0.05$）。相关性分

析表明，土壤氨挥发量和 N_2O 排放量与土壤铵态氮含量呈极显著正相关关系，而与土壤硝态氮呈极显著负相关或不相关关系，表明适宜的有机无机氮配施可以促进土壤硝化过程，从而减少氨挥发和 N_2O 排放。增大有机氮施入比例可以提高土壤氮素固持能力，从而减少硝态氮淋失量，轻度、中度盐渍化土壤单施有机氮的硝态氮淋失量分别较单施无机氮显著降低 39.70% 和 52.69%（3 年均值，$P < 0.05$）。

（4）探究了有机无机氮配施对根际土壤微环境的影响，从微生物学机制角度深入揭示有机无机氮配施增产减排机理。

1）作物生长发育与土壤微生物息息相关，在盐渍化地区，微生物可以通过摄入能量合成有机渗透压物质来缓解盐分胁迫，而有机肥可作为微生物容易获取的能源。本书所述研究表明，配施有机氮可以提高土壤微生物量及微生物活性，轻度、中度盐渍化土壤分别以有机无机氮各半配施及单施有机氮较优，土壤微生物量碳、微生物量氮、土壤呼吸分别较单施无机氮处理提高 48.44%、42.50%、31.74%，68.07%、48.99%、45.19%。相关性分析表明，有机无机氮配施可以调控土壤矿质氮水平，为土壤微生物提供充足的底物及能量，是土壤微生物量及微生物活性的主要调控因子。

2）土壤氮素转化主要包括硝化过程和反硝化过程，明确土壤硝化和反硝化相关微生物基因丰度及功能对于作物生产、环境污染至关重要。本书所述研究表明，轻度、中度盐渍化土壤分别以有机无机氮各半配施及单施有机氮处理获得较高的氨氧化细菌基因丰度及硝化贡献率，表明减少土壤氨挥发、N_2O 排放主要归因于氨氧化细菌活性和土壤硝化速率的增加，它们使土壤氮素以硝态氮形式存在。虽然配施有机氮提高了 nirS 和 nosZ 反硝化基因丰度及反硝化能力，但本书所述研究中，土壤氮素主要产生在硝化过程中，提高土壤反硝化能力并不会造成高土壤氮素损失。

（5）构建适合盐渍化玉米农田生产特点的 DNDC 模型，利用校验后的模型模拟不同管理措施对玉米产量和氮素损失的影响，确定最优的有机无机氮配施模式。

利用田间观测数据校验后的 DNDC 模型能够模拟轻度盐渍化土壤不同有机无机氮配施对玉米产量、土壤温度（0～5cm 深度）、湿度（0～20cm 深度）、土壤硝态氮含量（0～20cm 深度）、氨挥发、N_2O 排放、硝态氮淋溶浓度及淋失量的影响。通过模型得到最优有机无机氮配施比例为 3∶2，此时玉米产量可达最高（12578kg/hm²）、NH_3 挥发量（11.38kg/hm²）、N_2O 排放量（4.49kg/hm²）和硝态氮淋失量相对较低（15.7kg/hm²）。

（6）提出了河套灌区轻度、中度盐渍化土壤玉米农田增产减排的有机无机氮配施模式。在 240kg/hm² 等施氮量条件下，灌区轻度盐渍化土壤应该采用有机氮替代 60% 无机氮、中度盐渍化土壤采用有机氮替代 100% 无机氮的施氮模式。

10.2　创　新　点

（1）从氮素形态及转化特征角度揭示了盐渍化玉米农田有机无机氮配施增产减排机理。

（2）探究了有机无机氮配施对盐渍化农田玉米产效的影响规律，提出了河套灌区轻度、中度盐渍化玉米农田合理的有机无机氮配施模式。

10.3　展　　望

（1）本书开展了有机无机氮配施对环境效应的研究，但在田间试验过程中仅监测了土壤氨挥发、CO_2、N_2O 排放及氮素淋溶的情况，应对其他温室气体（CH_4）、含氮气体（NO、N_2）及重金属污染进行监测研究，更加全面地考虑有机无机氮配施对生态环境因子的影响。

（2）本书所述研究仅做了 3 年定位试验，而有机无机氮配施对土壤、作物以及环境效应具有长期影响，应展开有机无机氮配施长期定位试验，对作物及土壤环境效应进行研究。

（3）本书所述研究是在河套灌区春玉米种植制度下，采用商品有机肥进行的田间试验。而影响有机肥利用方式的影响因素众多，因此，有必要在多个地区、多种种植制度下，开展不同种类的有机无机肥配施试验，为有机资源合理利用提供理论依据。

（4）在本书所述研究中，利用长序列历史气象资料对有机无机肥配施条件下的玉米产量及氮素损失进行模拟。然而，气候变化对粮食安全构成巨大的挑战，因此，接下来将进一步研究未来气候变化条件下有机无机肥料配施在河套灌区的适用性。

参　考　文　献

[1] ADAMS P. Effect of increasing the salinity of the nutrient solution with major nutrients or sodium chloride on theyield, quality and composition of tomato grown in rockwool [J]. Journal of horticultural sciences, 1991 (66): 201 – 207.

[2] ADEKIYA A, AGBEDE T, ABOYEJI C, et al. Effects of biochar and poultry manure on soil characteristics and the yield of radish [J]. Sci hortic, 2019 (243): 457 – 463.

[3] AGGARWAL R K. Interdependence of ammonia volatilization and nitrification in arid soils [J]. Nutrient cycling in agroecosystems, 1998, 51 (3): 201 – 207.

[4] AHMAD P. Growth and antioxidant responses in mustard (Brassica juncea L.) plants subjected to combined effect of gibberellic acid and salinity [J]. Archives of agronomy & soil science, 2010, 56 (5): 575 – 588.

[5] AGEGNEHU G, BASS A M, NELSON P N, et al. Benefits of biochar, compost and biochar – compost for soil quality, maize yield and greenhouse gas emissions in a tropical agricultural soil [J]. Science of the total environment, 2016 (543): 295 – 306.

[6] AKIYAMA H, MCTAGGART I P, Ball B C, et al. N_2O, NO, and NH_3 emissions from Soil after the application of organic fertilizers, urea and water [J]. Water air & soil pollution, 2004, 156 (1): 113 – 129.

[7] AHMAD P. Growth and antioxidant responses in mustard (brassica juncea L.) plants subjected to combined effect of gibberellic acid and salinity [J]. Archives of agronomy & soil science, 2010, 56 (5): 575 – 588.

[8] AMLINGER F, GÖTZ B, DREHER P, GESZTI J, et al. Nitrogen in biowaste and yard waste compost: dynamics of mobilisation and availability – a review, Eur [J]. Soil biol, 2003 (39): 107 – 116.

[9] ALBIACH R, CANET R, POMARES F, et al. Organic matter components and aggregatestability after the application of different amendments to a horticultural soil [J]. Bioresource technology, 2001 (76): 125 – 129.

[10] ANDRONOV E E, PETROVA S N, PINAEV A G, et al. Analysis of the structure of microbial community in soils with different degrees of salinization using T – RFLP and real – time PCR techniques [J]. Eurasian soil Science, 2012, 45 (2): 147 – 156.

[11] AYOOLA O T, ADENIRAN O N. Influence of poultry manure and NPK fertilizer on yield and yield components of crops under different cropping systems in south west Nigeria [J]. African journal of biotechnology, 2006, 5 (15): 1386 – 1392.

[12] ASGHAR H N, SETIA R, MARSCHNER P. Community composition and activity of microbes from saline soils and non – saline soils respond similarly to changes in salinity [J]. Soil biology & biochemistry, 2012 (47): 175 – 178.

[13] ASLAM M, R H QURESHI. Fertilizer management in salt – affected soils for high productivity. in proceedings of the symposium on "plant nutrition for sustainable plant growth" [M]. Islamabad: national fertilizer development center, 1998: 89 – 109.

[14] AVIVA H, RITA P. Nitrogen and carbon mineralization rates of composted manures incubated in

soil [J]. Journal of environment quality, 1994, 23 (6): 1184 – 1189.

[15] ASHRAF M, WAHEED A. Responses of some genetically diverse lines of chick pea (cicer arietinum L.) to salt [J]. Plant and soil, 1993, 154 (2): 257 – 266.

[16] BADR M A, EL – TOHAMV W A, ZAGHLOUL A M. Yield and water use efficiency of potato grown under different irrigation and nitrogen levels in an arid region [J]. Agricultural water management, 2012, 110 (3): 9 – 15.

[17] BALESDENT C J, CHENU C, BALABANE M. Relationship of soil organic matter dynamics to physical protection and tillage [J]. Soil tillage research, 1999 (53): 215 – 230.

[18] BARUAH A, BARUAH K K, BHATTACHARYYA P. Comparative effectiveness of organic substitution in fertilizer schedule: impacts on nitrous oxide emission, photosynthesis, and crop productivity in a tropical summer rice paddy [J]. Water air & soil pollution, 2016 (227): 410 – 416.

[19] BERNHARD A E, DONN T, GIBLIN A E, et al. Loss of diversity of ammonia – oxidizing bacteria correlates with increasing salinity in an estuary system [J]. Environmental microbiology, 2005, 7 (9): 1289 – 97.

[20] BERNHARD A E, TTUCKER J, GIBLIN A E, et al. Functionally distinct communities of ammonia – oxidizing bacteria along an estuarine salinity gradient [J]. Environmental microbiology, 2007, 9 (6): 1439 – 1447.

[21] BURGE M, JACKSON L E. Microbial immobilization of ammonium and nitrate in relation to ammonification and nitrification rates in organic and conventional cropping systems [J]. Soil Biology & biochemistry, 2003, 35 (1): 29 – 36.

[22] BOWLES T M, ACOSTA – MARTÍNEZ V, CALDERÓN F, et al. Soil enzyme activities, microbial communities, and carbon and nitrogen availability in organic agroecosystems across an intensively – managed agricultural landscape [J]. Soil biology and biochemistry, 2014 (68): 252 – 262.

[23] BOUWMAN A F, STEHFEST E, VANKESSEL C. Nitrous oxide emissions from the nitrogen cycle in arable agriculture: estimation and mitigation [M]. London: earthscan Ltd., 2010: 85 – 106.

[24] BURGER M, JACKSON L E. Microbial immobilization of ammonium and nitrate in relation to ammonification and nitrification rates in organic and conventional cropping systems [J]. Soil biology & biochemistry, 2003, 35 (1): 29 – 36.

[25] CAO Y, NEIF É M, LI W, et al. Heat wave effects on biomass and vegetative growth of macrophytes after long – term adaptation to different temperatures: A mesocosm study [J]. Climate research, 2015 (66): 265 – 274.

[26] BRONICK C J, LAI R. Soil Structure and Management [J]. A review geoderma, 2005, 124 (1 – 2): 3 – 22.

[27] CAVAGNARO T R, JACKSON L E, HRISTOVA K, et al. Short – term population dynamics of ammonia oxidizing bacteria in an agricultural soil [J]. Applied soil ecology, 2008, 40 (1): 13 – 18.

[28] CELIK I, ORTAS I, KILIC S. Effects of compost, mycorrhiza, manure and fertilizer on some physical properties of a chromoxerert soil [J]. Soil and tillage research, 2004, 78 (1): 59 – 67.

[29] CHAVES M M, Flexas J, Pinheiro C. Photosynthesis under drought and salt stress: regulation mechanisms from whole plant to cell [J]. Ann bot, 2009, 103 (4): 551 – 560.

[30] CHANDRA S, JOSHI H C, PATHAK H, et al. Effect of potassium salts and distillery effluent on carbon mineralization in soil [J]. Bioresource technology, 2002, 83 (3): 255 – 257.

[31] CHEN J, HUANG Y, TANG Y H. Quantifying economically and ecologically optimum nitrogen rates for rice production in south – eastern China [J]. Agr ecosyst environ, 2011 (142): 195 – 204.

[32] CHEN W P, HOU Z N, WU L S, et al. Effects of salinity and nitrogen on cotton growth in arid

environment [J]. Plant and soil, 2010, 326 (1 - 2): 61 - 73.

[33] CHINNUSAMY V, JAGENDORF A, ZHU J K. Understanding and Improving Salt Tolerance in Plants [J]. Crop science, 2005, 45 (2): 437 - 448.

[34] CHINNUSAMY V, ZHU J K. Plant salt tolerance [J]. Plant responses to abiotic stress, 2004.

[35] CHINNUSAMY V, JAGENDORF, ZHU J K. Understanding and Improving Salt Tolerance in Plants [J]. Crop science, 2005, 45 (2): 437.

[36] CHOWDHURY N, MARSCHNER P, BURNS R G. Soil microbial activity and community composition: impact of changes in matric and osmotic potential [J]. Soil biology & biochemistry, 2011, 43 (6): 1229 - 1236.

[37] CISILINO F, BODINI A, ZANOLI A. Rural development programs' impact on environment: an expost evaluation of organic farming [J]. Land use policy, 2019 (85): 454 - 462.

[38] COOKE G W. Fertilizing for maximum yield [J]. Chaucer press Ltd. bungay suffok, 1982: 81 - 277.

[39] CORDOVIL C M D S, CABRAL F, COUTINHO J. Potential mineralization of nitrogen from organic wastes to ryegrass and wheat crops [J]. Bioresour technol, 2007, 98 (17): 3265 - 3268.

[40] DAVID K, JOSEPH A, MARK S, et al. Drawing down N_2O to protect climate and the ozone layer [M]. Nairobi: united nations environment programme (UNEP), 2013: 4 - 8.

[41] DAWE D, DOBERMANN A, LADHA, J K, et al. Do organic amendments improve yield trends and profitability in intensive rice systems [J]. Field crops research, 2019, 83 (2): 191 - 213.

[42] TOKOVÁ L, IGAZ D, HORÁK J, et al. Effect of biochar application and re - application on soil bulk density, porosity, saturated hydraulic conductivity, water content and soil water availability in a silty loam haplic luvisol [J]. Agronomy, 2020 (10): 1005.

[43] DAVIDSON E A. The contribution of manure and fertilizer nitrogen to atmospheric nitrous oxide since 1860 [J]. Nature geoscience, 2009, 2 (4): 659 - 662.

[44] DAVID K, JOSEPH A, MARK S, et al. Drawing down N_2O to protect climate and the ozone layer [M]. Nairobi: united nations environment programme (UNEP), 2013: 4 - 8.

[45] DENG S P, PARHAM J A, HATTEY J A, et al. Animal manure and anhydrous ammonia amendment alter microbial carbon use efficiency, microbial biomass, and activities of dehydrogenase and amidohydrolases in semiarid agroecosystems [J]. Applied soil ecology, 2006, 33 (3): 258 - 268.

[46] DING H, ZHANG Z M, KANG T, et al. Rooting traits of peanut genotypes differing in drought tolerance under drought stress [J]. International journal of plant production, 2017 (11): 349 - 360.

[47] DU L F, LIU W K, LIU J L. Effects on rape biomass and salty concentration of salinity soil applied with three straw manures and effective dose [J]. Chinese journal of soil science, 2005 (3): 309 - 312.

[48] DUAN Y H, XU M G, GAO S D, et al. Nitrogen use efficiency in a wheat - corn cropping system from 15 years of manure and fertilizer applications [J]. Field crops research, 2014 (157): 47 - 56.

[49] DURUIGBO C, OBIEFUNA J, ONWEREMADU E. Effect of poultry manure rates on the soil acidity in an Ultisol [J]. Int j soil sci, 2007 (2): 154 - 158.

[50] EMEL S, GERARD M. Diversity and spatiotemporal distribution of ammonia - oxidizing Archaea and Bacteria in sediments of the Westerschelde estuary [J]. Fems microbiology ecology, 2018 (2): 175 - 186.

[51] EL - KARIM A H A, EL - MAHI Y E, EL - TILIP A M. The influence of soil type, salinity and sodicity on ammonia volatilization in soil fertilized with urea [J]. Agricultural science (cairo), 2004 (49): 401 - 411.

[52] EL - SHAKWEER M H A, EL - SAYAD E A, EWEES M S. Soil and plant analysis as a guide for interpretation of the improvement efficiency of organic conditioners added to different soils in Egypt

[J]. Communication in soil science and plant analysis, 1998 (29): 2067 - 2088.

[53] EL - SAMAD A, MORSI M E, YEHIA T. Effects of organic fertilizers and irrigation levels on water use, growth and productivity of oear trees [J]. Egypt j of appl sci, 2020, 21 (12B): 695 - 712.

[54] ELMAJDOUB B, MARSCHNER P. Salinity reduces the ability of soil microbes to utilisecellulose [J]. Biology and fertility of soils, 2013, 49 (4): 379 - 386.

[55] FAWCETT S E, LOMAS M W, CASEY J R, et al. Assimilation of upwelled nitrate by small eukaryotes in the sargasso sea [J]. Nature geoence, 2011, 4 (10): 717 - 722.

[56] FENG Z Z, WANG X K, FENG Z W. Soil N and salinity leaching after the autumn irrigation and its impact on groundwater in Hetao Irrigation District, China [J]. Agricultural water management, 2005, 71 (2): 131 - 143.

[57] FAN T, STEWART B A, YONG W, et al. Long - term fertilization effects on grain yield, water - use efficiency and soil fertility in the dryland of Loess Plateau in China [J]. Agriculture ecosystems & environment, 2005, 106 (4): 313 - 329.

[58] FAO. Extent of salt - affected soils [EB/OL]. http: //www. fao. org/soils - portal/soil - management/management - of - some - problem - soils/salt - affected - soils/more - information - on - salt - affected - soils/en/, 2015 - 09 - 10.

[59] FRANKLIN R B, MORRISSEY E M, MORINA J C. Changes in abundance and community structure of nitrate - reducing bacteria along a salinity gradient in tidal wetlands [J]. Pedobiologia, 2017 (60): 21 - 26.

[60] GAFFAR M O, IBRAHIM Y M, WAHAB D A A. Effect of farmyard manure and sand on the performance of sorghum and sodicity of soils [J]. Indian soc soil sci, 1992 (40): 540 - 543.

[61] GANDHI A P, PALIWAL K V. Mineralization and gaseous losses of nitrogen from urea and ammonium sulphate in salt - affected soils [J]. Plant and soil, 1976, 45 (1): 247 - 255.

[62] GHOSH S, MAJUMDAR D, JAIN M C. Methane and nitrous oxide emissions from an irrigated rice of north India [J]. Chemosphere, 2003, 51 (3): 181 - 195.

[63] GIBLIN A E, WESTON N B, BANTA G T, et al. The effects of salinity on nitrogen losses from an oligohaline estuarine sediment [J]. Estuaries and coasts, 2010, 33 (5): 1054 - 1068.

[64] GIOACCHINI P, RAMIERI N A, MONTECCHIO D, et al. Dynamics of mineral nitrogen in soils treated with slow in elease fertilizers [J]. Communications in soil science and plant analysis, 2006, 37 (1 - 2): 1 - 12.

[65] GOPINATH K A, SAHA S, MINA B L, et al. Influence of organic amendments on growth, yield and quality of wheat and on soil properties during transition to organic production [J]. Nutrient cycling in agroecosystems, 2008, 82 (1): 51 - 60.

[66] GUIRE A, SIRISENA N, RATNAYAKA UK, RATNAYAKA J, et al. Effect of fertilizer on functional properties offlour from four rice varieties grown in Sri Lanka [J]. Sci food agric, 2011 (91): 1271 - 1276.

[67] GUO L Y, WU G L, LI Y, et al. Effects of cattle manure compost combined with chemical fertilizer on topsoil organic matter, bulk density and earthworm activity in a wheat - maize rotation system in eastern China [J]. Soil tillage research, 2016 (156): 140 - 147.

[68] GUO S, ZHOU Y, SHEN Q, ZHANG F. Effect of ammonium and nitrate nutrition on some physiological processes in higher plants - growth, photosynthesis, photorespiration, and water relations [J]. Plant biology, 2007, 9 (1): 21 - 29.

[69] HABTESELASSIE M Y, MILLER B E, THACKER S G, et al. Gross nitrogen transformations in an agricultural soil after repeated dairy - waste application [J]. Soil science society of america

journal, 2006, 70 (4): 1338 – 1348.

[70] HAGEMANN M. Molecular biology of cyanobacterial salt acclimation [J]. Fems microbiology reviews, 2011, 35 (1): 87 – 123.

[71] HALLIN S, LINDGREN P E. PCR detection of genes encoding nitrile reductase in denitrifying bacteria [J]. Applied and environmental microbiology, 1999 (65): 1652 – 1657.

[72] HAN K H, CHOI W J, HAN G H, et al. Urea – nitrogen transformation and compost nitrogen mineralization in three different soils as affected by the interaction between both nitrogen inputs [J]. Biology and fertility of soils, 2004, 39 (3): 193 – 199.

[73] HAN J, SHI J, ZENG L, et al. Effects of nitrogen fertilization on the acidity and salinity of greenhouse soils [J]. Environmental science and pollution research, 2015, 22 (4): 2976 – 2986.

[74] HATI K M, MANDAL K G, MISRA A K, et al. Effect of inorganic fertilizer and farmyard manure on soil physical properties, root distribution, and water – use efficiency of soybean in vertisols of central India [J]. Bioresour technol, 2006, 97 (16): 2182 – 2188.

[75] HE S J, LIU J. Contribution of basefow nitrate export to nonpoint source pollution [J]. Sci China, 2016, 59 (10): 1912 – 1929.

[76] HENDERSON S L, DANDIE C E, PATTEN C L, et al. Changes in Denitrifier abundance, denitrification gene mRNA Levels, nitrous Oxide emissions, and denitrification in anoxic soil microcosms amended with glucose and plant residues [J]. Applied & environmental microbiology, 2010, 76 (7): 2155 – 2164.

[77] HOORN J W V, KATERJI N, HAMDY A, et al. Effect of salinity on yield and nitrogen uptake of four grain legumes and on biological nitrogen contribution from the soil [J]. Agricultural water management, 2001, 51 (2): 87 – 98.

[78] HOU A X, TSURUTA H. Nitrous oxide and nitric oxide fluxes from an upland field in Japan: effect of urea type, placement, and crop residues [J]. Nutrient cycling in agroecosystems, 2003, 65 (2): 191 – 200.

[79] HUANG Y, ZOU J W, ZHENG X H, et al. Nitrous oxide emissions as influenced by amendment of plant residues with different C : N ratios [J]. Soil biology & biochemistry, 2004, 36 (6): 973 – 981.

[80] IPIMOROTI R R, DANIEL M A, OBATOLU C R. Effect of organic mineral fertilizer on tea growth at kusuku mabila plateau nigeria [J]. Moor journal of agricultural research, 2002 (3): 180 – 183.

[81] IQBAL A, HE L, KHAN A, et al. Organic manure coupled with inorganic fertilizer: An approach for the sustainable production of rice by improving soil properties and nitrogen use efficiency [J]. Agronomy, 2019, 9 (10): 651.

[82] IRSHAD M, HONNA T, YAMAMOTO S, et al. Nitrogen mineralization under saline conditions [J]. Communications in soil science and plant analysis, 2005, 36 (11 – 12): 1681 – 1689.

[83] JAIME M M, CORLIA J, LIU X. Interactions between CAP agricultural and agri – environmental subsidies and their effects on the uptake of organic farming [J]. American j agric econ, 2016 (98): 1114 – 1145.

[84] JIANG X, SOMMER S G, CHRISTENSEN K V. A review of the biogas industry in China [J]. Energy policy, 2011 (39): 6073 – 6081.

[85] JIANG C Q, ZU C L, LU D J. Effect of exogenous selenium supply on photosynthesis, na$^+$ accumulation and antioxidative capacity of maize (zea mays L.) under salinity stress [J]. Sci rep, 2017 (7): 1 – 14.

[86] JU X T, XING G X, CHEN X P, et al. Reducing environmental risk by improving N management in intensive Chinese agricultural systems [J]. P natl acad sci USA, 2009, 106 (11): 3041 – 3046.

[87] JU X T, KOU C L, ZHANG F S, et al. Nitrogen balance and groundwater nitrate contamination: comparison among three intensive cropping systems on the north China plain [J]. Environ pollut, 2006 (143): 117 – 125.

[88] JONES C M, HALLIN S. Ecological and evolutionary factors underlying global and local assembly of denitrifier communities [J]. Isme journal, 2010, 4 (5): 633 – 641.

[89] KANG B T, JUO A S R. Management of low activity clay soils in tropical Africa for food crops production in: terry erka oduro and s caveness (eds.) [J]. Tropical roots crops research strategies for the 1980s, 1980: 129 – 133.

[90] KATERJI N, MASTRORILLI M, LAHMER F Z, et al. Emergence rate as a potential indicator of crop salt – tolerance [J]. European journal of agronomy, 2012, 38 (1): 1 – 9.

[91] KESSEL J V, REEVES J. Nitrogen mineralization potential of dairy manures and its relationship to composition [J]. Biology & fertility of soils, 2002, 36 (2): 118 – 123.

[92] KHEIRIZADEH A Y, SEYED S R, SEYED S R. Bio fertilizers and zinc effects on some physiological parameters of trit icale under water – limitat ion condit ionJ [J]. Plant interact, 2016 (11): 167 – 177.

[93] KLOOS K, MERGEL A, RÖSCH C, et al. Denitrification within the genus Azospirillum and other associative bacteria [J]. Australian journal of plant physiology, 2001, 28 (9): 991 – 998.

[94] KOWALCHUK G A, STEPHEN J R. Ammonia – oxidizing bacteria: a model for molecular microbial ecology [J]. Annual review of microbiology, 2001, 55 (1): 485 – 529.

[95] KRAMER A W, DOANE T A, HORWATH W R, et al. Combining fertilizer and organic inputs to synchronize N supply in alternative cropping systems in california [J]. Agric eco envir, 2002 (91): 233 – 243.

[96] KUBOTA H, IQBAL M, QUIDEAU S, et al. Agrono mic and physio logical aspects of nitrogen use efficiency in convent iona 1 and organic cereal – based production systems. Renewable agriculture and food systems, 2018, 33 (5): 443 – 466.

[97] KUMAR U, KUMAR V, SINGH J P. Effect of different factors on hydrolysis and nitrification of urea in soils [J]. Archives of agronomy and soil science, 2007, 53 (2): 173 – 182.

[98] LAL R. Carbon management in agricultural soils, mitigation and adaptation [J]. Strategies for global change, 2007 (12): 303 – 322.

[99] LAURA R D. Salinity and nitrogen mineralization in soil [J]. Soil biology and biochemistry, 1977, 9 (5): 333 – 336.

[100] LEA – COX J D, SYVERTSEN J P. Salinity reduces water use and nitrate – N – use efficiency of citrus [J]. Annals of botany, 1993, 72 (1): 0 – 54.

[101] LIANG Y, SI J, NIKOLIC M, et al. Organic manure stimulates biological activity and barley growth in soil subject to secondary salinization [J]. Soil biology & biochemistry, 2005, 37 (6): 1185 – 1195.

[102] LI D, LIU S C, MI L, et al. Effects of feedstock ratio and organic loading rate on the anaerobic mesophilic co – digestion of rice straw and pig manure [J]. Bioresource technology, 2015 (187): 120 – 127.

[103] LI F, YU J, NONG M, et al. Partial root – zone irrigation enhanced soil enzyme activities and water use of maize under different ratios of inorganic to organic nitrogen fertilizers [J]. Agricultural water management, 2010, 97 (2): 0 – 239.

[104] LI J H, EMMANUEL A, CHENG S Y, et al. Alleviation of cold damage by exogenous application of melatonin in vegetatively propagated tea plant [J]. Scientia horticulturae, 2018, 238 (10): 356 – 362.

[105] LI K Z, SHIRAIWA T, SAITOH K, et al. Water use and growth of maize under water stress on the soil after long – term applications of chemical and organic fertilizers [J]. Plant production science, 2002, 5 (1): 58 – 64.

[106] UTOMO WIDOWATI W H, SOEHONO L A, GURITNO B. Effect of biochar on the release and loss of nitrogen from urea fertilization [J]. J. Agric. Food Technol, 2011 (1): 127 – 132.

[107] LIU G D, WU W L, ZHANG J. Regional differentiation of non – point source pollution of agriculture – derived nitrate nitrogen in groundwater in northern China [J]. Agric ecosyst environ, 2005 (107): 211 – 220.

[108] LIU H B. Establishment and application of monitoring technology on nonpoint pollution from arable land [M]. Beijing: science press, 2015.

[109] LIU X M, GU W R, LI C F, et al. Effects of nitrogen fertilizer and chemical regulation on spring maize lodging characteristics, grain filling and yield formation under high planting density in heilongjiang province, China – science direct [J]. Integr agr, 2021 (20): 511 – 526.

[110] LINDELL D, POST A F. Ecological aspects of ntcA gene expression and its use as an indicator of the nitrogen status of marine synechococcus spp [J]. Applied and environmental microbiology, 2001, 67 (8): 3340 – 3349.

[111] LV F L, SONG J S, GILTRAP D, et al. Crop yield and N_2O emission affected by long – term organic manure substitution fertilizer under winter wheat – summer maize cropping system [J]. Science of the total environment, 2020 (732): 9684 – 9697.

[112] LI Z J, HU K L, LI B G, et al. Evaluation of water and nitrogen use efficiencies in a double cropping system under different integrated management practices based on a model approach [J]. Agric water management, 2015 (159): 19 – 34.

[113] MAIA J M, MACEDO C E C D, VOIGT E L, et al. Antioxidative enzymatic protection in leaves of two contrasting cowpea cultivars under salinity [J]. Biologia plantarum, 2010, 54 (1): 159 – 163.

[114] MAGALHAES C N, BANO W J, WIEBE A A, et al. Hollibaugh, dynamics of nitrous oxide reductase genes (nosZ) in intertidal rocky biofilms and sediments of the douro river estuary (Portugal), and their relation to N – biogeochemistry [J]. Microb ecol, 2008 (55): 259 – 269.

[115] MANNA M C, SWARUP A, WANJARI R H, et al. Long – term effect of fertilizer and manure application on soil organic carbon storage, soil quality and yield sustainability under sub – humid and semi – arid tropical India [J]. Field crops research, 2005, 93 (2 – 3): 273 – 280.

[116] MCCLUNG G, FRANKENBERGER W T. Soil nitrogen transformations as affected by salinity [J]. Soil science, 1985, 139 (5): 405 – 411.

[117] MCCLUNG G, FRANKENBERGER W T. Nitrogen mineralization rates in salinevs salt – amended soils [J]. Plant and soil, 1987, 104 (1): 13 – 21.

[118] MENG L, DING W, CAI Z. Long – term application of organic manure and nitrogen fertilizer on N_2O emissions, soil quality and crop production in a sandy loam soil [J]. Soil biology & biochemistry, 2005, 37 (11): 2037 – 2045.

[119] MIAO Y, LIAO R, ZHANG X X, et al. Metagenomic insights into salinity effect on diversity and abundance of denitrifying bacteria and genes in an expanded granular sludge bed reactor treating

high – nitrate wastewater [J]. Chemical engineering journal, 2015 (277): 116 – 123.

[120] MIKHA M M, RICE C W. Tillage and manure effects on soil and aggregate – associated carbon and nitrogen [J]. Soil science society of America journal, 2004, 68 (3): 809 – 816.

[121] MORRIS M, KELLY V A, KOPICKI R J, et al. Fertilizer use in African agriculture: Lessons learned and good practice guidelines [R]. Washington: the world bank, 2007.

[122] Morrissey E M, Gillespie J L, Morina J C, et al. Salinity affects microbial activity and soil organic matter content in tidal wetlands [J]. Global change biology, 2014, 20 (4): 1351 – 1362.

[123] MUNNS R, PASSIOURA J. Hydraulic resistance of plants Ⅲ: effects of NaCl in barley and lupin [J]. Aust j plant physiol, 1984, 11 (11): 351 – 359.

[124] MUNNS R, MARK T. Mechanisms of salinity tolerance [J]. Annu rev plant biol, 2008 (59): 651 – 681.

[125] MURPHY D V, STOCKDALE E A, BROOKES P C, et al. Impact of microorganisms on chemical transformation in soil [M]. Berlin: Springer Press, 2007: 37 – 59.

[126] NANNIPIERI P, ASCHER J, CECCHERINI M T, et al. Microbial diversity and soil functions [J]. European journal of soil science, 2017, 68 (1): 12 – 26.

[127] OGAGA G, ELOHOR A, KINGSLEY O. Growth and yield of cucumber (cucumis sativus L.) as influenced by farmyard manure and inorganic fertilizer [J]. International journal of manures and fertilizers, 2012, 1 (4): 69 – 72.

[128] OGUNGBILE A O, OLUKOSI J. An overview of the problems of the resource poor farmers in Nigeria, in proceedings of the Nigerian national farming systems [J]. Research network, 1990.

[129] OREN A. Bioenergetic aspects of halophilism [J]. Microbiology and molecular biology reviews, 1999, 63 (2): 334 – 348.

[130] OJENIYI S O, OWOLABI O, AKINOLA O M, et al. Field study of effect of organomineral fertilizer on maize growth yield soil and plant nutrient composition in Ilesa, southwest Nigeria [J]. Nigeria journal of soil science, 2009 (19): 11 – 16.

[131] OJENIYI S O. Effect of goat manure on soil nutrients and okra yield in the rain forest area of Nigeria [J]. Applied tropical agriculture, 2000 (5): 20 – 23.

[132] PACHAURI R, REISINGER A. Climate change 2007: synthesis report [J]. Environmental policy collection, 2007, 27 (2): 203 – 208.

[133] PANG X P, LETEY J. Organic farming: challenge of timing nitrogen availability to crop nitrogen requirements [J]. Soil science society of America journal, 2000, 64 (1): 247 – 253.

[134] PARK S J, PARK B J, RHEE S K. Comparative analysis of archaeal 16S rRNA and amoA genes to estimate the abundance and diversity of ammonia – oxidizing archaea in marine sediments [J]. Extremophiles, 2008, 12 (4): 605 – 615.

[135] PATHIAK R, LOCHAB S, RAGHURAM N. Plant systems improving plant nitrogen – use efficiency [J]. Comprehensive biotechnology, 2011: 209 – 218.

[136] PESSARAKLI M, TUCKER T C. Dry matter yield and nitrogen – 15 uptake by tomatoes under sodium chloride stress [J]. Soil science society of America journal, 1988, 52 (3): 698 – 700.

[137] PHILIPPOT L, ANDERT J, JONES C M, et al. Importance of denitrifiers lacking the genes encoding the nitrous oxide reductase for N_2O emissions from soil [J]. Global change biology, 2011 (17): 1497 – 1504.

[138] PONGWICHIAN P, DUANMEESUK U, EIICHI N, et al. Effect of organic and chemical fertilizer on growth and yield of physic nut (jatropha curcas L.) in slightly saline soil [J]. Suranaree journal of science & technology, 2014, 21 (3): 183 – 191.

[139] POWER J F, WIESE R, FLOWERDAY D. Managing farming systems for nitrate control: A research review from management systems evaluation areas [J]. Journal of environmental quality, 2001, 30 (6): 1866 – 1880.

[140] PRAVEEN – KUMAR, AGGARWAL R K. Interdependence of ammonia volatilization and nitrification in arid soils [J]. Ntrrient cycling in agroecosystems, 1998, 51 (3): 201 – 207.

[141] PORCEL R, AROCA R, RUIZ – LOZANO J M. Salinity stress alleviation using arbuscular mycorrhizal fungi: a review [J]. Agronomy for sustainable development, 2012, 32 (1): 181 – 200.

[142] PURTOLAS J, BALLESTER C, ELPHINSTONE E D, et al. Two potato (solanum tuberosum) varieties differ in drought tolerance due to differences in root growth at depth [J]. Functional plant biology, 2014 (41): 1107 – 1118.

[143] RATH K M, ROUSK J. Salt effects on the soil microbial decomposer community and their role in organic carbon cycling: a review [J]. Soil biology & biochemistry, 2015 (81): 108 – 123.

[144] RAVIKOVITCH S, YOLES D. The influence of phosphorus and nitrogen on millet and clover growing in soils affected by salinity [J]. Plant & soil, 1971, 35 (3): 555 – 567.

[145] REDDY N, CROHN D M. Effects of soil salinity and carbon availability from organic amendments on nitrous oxide emissions [J]. Geoderma, 2014 (235 – 236): 363 – 371.

[146] RODRIGUEZ – URIBE L, HIGBIE S M, STEWART J M, et al. Identification of salt responsive genes using comparative microarray analysis in upland cotton (gossypium hirsutum L.) [J]. Plant science, 2011, 180 (3): 457 – 469.

[147] ROUSK J, ELYAAGUBI F K, JONES D L, et al. Bacterial salt tolerance is unrelated to soil salinity across an arid agroecosystem salinity gradient [J]. Soil biology & biochemistry, 2011 (43): 1881 – 1884.

[148] WANG L, OK Y S, TSANG D C, et al. New trends in biochar pyrolysis and modification strategies: Feedstock, pyrolysis conditions, sustainability concerns and implications for soil amendment [J]. Soil use and management, 2020 (36): 358 – 386.

[149] ROTTHAUWE J H, WITZEL K P, LIESACK W. The ammonia monooxygenase structural gene amoA as a functional marker: molecular fine – scale analysis of natural ammonia – oxidizing populations [J]. Applied and environmental microbiology, 1997 (63): 4704 – 4712.

[150] SARKAR D K, ZHOU X J, TANNOUS A, et al. Growth mechanisms of copper nanocrystals on thin polypyrrole films by electrochemistry [J]. The journal of physical chemistry b, 2003, 107 (13): 2879 – 2881.

[151] SEBILO M, MAYER B, NICOLARDOT B, et al. Long – term fate of nitrate fertilizer in agricultural soils [J]. Proceedings of the national academy of sciences, 2013, 110 (45): 18185 – 18189.

[152] SEITZINGER S. Nitrogen cycle: out of reach [J]. Nature, 2008, 452 (7184): 162 – 163.

[153] SEUFERT V, RAMANKUTTY N, FOLEY J A. Comparing the yields of organic and conventional agriculture [J]. Nature, 2012, 485 (7397): 229 – 232.

[154] SHENHUA S, LEI T, FAHAD N, et al. Response of microbial communities and enzyme activities to amendments in saline – alkaline soils [J]. Applied soil ecology, 2019 (135): 16 – 24.

[155] SUN H, LU H, CHU L, et al. Biochar applied with appropriate rates can reduce N leaching, keep N retention and not increase NH_3 volatilization in a coastal saline soil [J]. Science of the total environment, 2017, 575 (1): 820 – 825.

[156] SIAS S R, INGRAHAM J L. Isolation and analysis of mutants of Pseudomonas aeruginosa unable to assimilate nitrate [J]. Archives of microbiology, 1979, 122 (3): 263.

［157］ SINGH Y, SINGH B, TIMSINA J. Crop residue management for nutrient cycling and improving soil productivity in rice – Based cropping systems in the tropics ［J］. Advances in Agronomy, 2005, 85 （4）: 269 – 407.

［158］ ŠIMEK M, KALČÍK J. Carbon and nitrate utilization in soils: the effect of long – term fertilization on potential denitrification ［J］. Geoderma, 1998, 83 （3）: 269 – 280.

［159］ SULLIVAN P. Organic rice production ［J］. ATTRA, 2003: 1 – 800.

［160］ SETIA R, MARSCHNER P, BALDOCK J, et al. Relationships between carbon dioxide emission and soil properties in salt – affected landscapes ［J］. Soil biology & biochemistry, 2011, 43 （3）: 667 – 674.

［161］ YE L, CAMPS – ARBESTAIN M, SHEN Q, et al. Biochar effects on crop yields with and without fertiliser: a meta – analysis of field studies using separate controls. Soil use management, 2020 （36）: 2 – 18.

［162］ SOURI M K, HATAMIAN M. Aminochelates in plant nutrition: a review ［J］. J plant nutr, 2019, 42 （1）: 67 – 78.

［163］ TAYLOR A E, ZEGLIN L H, WANZEK T A, et al. Dynamics of ammonia – oxidizing archaea and bacteria populations and contributions to soil nitrification potentials ［J］. The international society for microbial ecology journal, 2012, 6 （11）: 2024 – 2032.

［164］ TEJADA M, GARCIA C, GONZALEZ J L, et al. Use of organic amendment as a strategy for saline soil remediation: influence on the physical, chemical and biological properties of soil ［J］. Soil biology and biochemistry, 2006, 38 （6）: 1413 – 1421.

［165］ TIAN Y. Potential assessment on biogas production by using livestock manure of large – scale farm in China ［J］. Chinese society of agricultural engineering, 2012 （8）: 230 – 234.

［166］ TUZEL Y, GUL A, TUNCAY O, et al. Organic cucumber production in the greenhouse: A case study from Turkey ［J］. Renewable agriculture and food systems, 2005, 20 （4）: 206 – 213.

［167］ TRIPATHI S, KUMARI S, Chakraborty A, et al. Microbial biomass and its activities in salt – affected coastal soils ［J］. Biology and fertility of soils, 2006, 42 （3）: 273 – 277.

［168］ ULLAH M S, ISLAM M S, ISLAM M A, et al. Effects of organic manures and chemical fertilizers on the yield of brinjal and soil properties ［J］. Bangladesh agric univ, 2008 （6）: 271 – 276.

［169］ ULERY A L, CATALANVALENCIA E A, VILLACASTORENA M, et al. Salinity and nitrogen rate effects on the growth and yield of chile pepper plants ［J］. Soil science society of America journal, 2003, 67 （6）: 1781 – 1789.

［170］ VAN RYSSEN J B J, VAN MALSEN S, VERBEEK A A. Mineral composition of poultry manure in South Africa with reference to the farm feed act ［J］. South african journal of animal science, 1993 （23）: 54 – 57.

［171］ VAN T R J, STOUTHAMER A H, PLANTA R J. Regulation of nitrate assimilation and nitrate respiration in Aerobacter aerogenes ［J］. Febs letters, 1968, 96 （5）: 1455.

［172］ VERSTRAETE W, FOCHT D D. Biochemical ecology of nitrification and denitrification ［J］. Advances in microbial ecology, 1977, 1 （6）: 135 – 214.

［173］ VILLA – CASTORENA M, ULERY A L, CATALAN – VALENCIA E A, et al. Salinity and nitrogen rate effects on the growth and yield of chile pepper plants ［J］. Soil science society of America journal, 2003, 67 （6）: 1781 – 1789.

［174］ VITOUSEK P M, NAYLOR R, CREWS T, et al. Nutrient imbalances in agricultural development ［J］. Science, 2009 （324）: 1519 – 1520.

［175］ WANG Y, GU J. Effects of allylthiourea, salinity, and pH on ammonia/ammonium – oxidizing prokaryotes in mangrove sediment incubated in laboratory microcosms ［J］. Applied microbiology &

biotechnology, 2014, 98 (7): 3257 – 3274.

[176] WANG Z, LI S. Nitrate N loss by leaching and surface runoff in agricultural land: a global issue (a review) [J]. Adv agron, 2019 (156): 159 – 217.

[177] WANG Y C, GU W R, MENG Y, et al. γ – Aminobutyric acid imparts partial protection from salt stress injury to maize seedlings by improving photosynthesis and upregulating osmoprotectants and antioxidants. Nat, 2017 (7): 1 – 13.

[178] WATSON C A, ATKINSON D, GOSLING P, et al. Managing soil fertility in organic farming systems [J]. Soil use and management, 2002 (18): 239 – 247.

[179] WEN Z, SHEN J, BLACKWELL M, et al. Combined applications of nitrogen and phosphorus fertilizers with manureincrease maize yield and nutrient uptake via stimulatingroot growth in a long – term experiment [J]. Pedosphere, 2016 (26): 62 – 73.

[180] WESTERMAN R L, TUCKER T C. Effect of salts and salts plus nitrogen – 15 – labeled ammonium chloride on mineralization of soil nitrogen, nitrification, and immobilization [J]. Soil science society of America journal, 1974, 38 (4): 602.

[181] World Health Organization. Guidelines for drinking water quality [R]. Geneva: WHO, 2004.

[182] WORTHINGTON V. Nutritional quality of organic versus conventional fruits, vegetables and grains [J]. The journal of alternative & complementary medicine 2001 (7): 161 – 173.

[183] WU Y, LI Y, ZHENG C, et al. Organic amendment application influence soil organism abundance in saline alkali soil [J]. European journal of soil biology, 2013 (54): 32 – 40.

[184] WU Y P, LI Y F, ZHANG Y, et al. Responses of saline soil properties and cotton growth to different organic amendments [J]. Pedosphere, 2018, 28 (3): 161 – 169.

[185] XU H, HUANG X, ZHONG T, et al. Chinese land policies and farmers' adoption of organic fertilizer for saline soils [J]. Land use policy, 2014 (38): 541 – 549.

[186] XU F, LIU Y, DU W, et al. Response of soil bacterial communities, antibiotic residuals, and crop yields to organic fertilizer substitution in North China under wheat – maize rotation [J]. Sci total environ, 2021 (785): 147248.

[187] YAN N, MARSCHNER P, CAO W, et al. Influence of salinity and water content on soil microorganisms [J]. International soil & water conservation research, 2015, 3 (4): 316 – 323.

[188] ZHANG Y, CHEN L, TIAN J, et al. The influence of salinity on the abundance, transcriptional activity, and diversity of AOA and AOB in an estuarine sediment: a microcosm study [J]. Applied microbiology & biotechnology, 2015, 99 (22): 9825 – 9833.

[189] YANG B, XIONG Z, WANG J, et al. Mitigating net global warming potential and greenhouse gas intensities by substituting chemical nitrogen fertilizers with organic fertilization strategies in rice – wheat annual rotation systems in China: a 3 – year field experiment [J]. Ecological engineering, 2015 (81): 289 – 297.

[190] YE H, ROORKIWAL M, VALLIYODAN B, et al. Genetic diversity of root system architecture in response to drought stress in grain legumes [J]. Journal of experimental botany, 2018 (69): 3267 – 3277.

[191] ZHAI S, JI M, ZHAO Y X, et al. Shift of bacterial community and denitrification functional genes in biofilm electrode reactor in response to high salinity [J]. Environmental research, 2020 (184): 1 – 9.

[192] ZHAO G, HÖRMANN G, FOHRER N, et al. Development and application of a nitrogen simulation model in a data scarce catchment in south China [J]. Agricultural water management, 2011 (98): 619 – 631.

[193] ZHAO T K，ZHANG C J，DU L F，et al. Investigation on nitrate concentration in groundwater in seven provinces (city) surrounding the Bo - Hai Sea [J]. J agro - environ sci, 2007 (26)：779 - 783.

[194] ZHANG Y L，ZHANG J，SHEN Q R，et al. Effect of combined application of bioorganic manure and inorganic nitrogen fertilizer on soil nitrogen supplying characteristics [J]. Chinese journal of applied ecology，2002，13 (12)：1575 - 1578.

[195] ZHANG Z，LIU H，LIU X，et al. Organic fertilizer enhances rice growth in severe saline - alkali soil by increasing soil bacterial diversity [J]. Soil use and management，2021 (1)：1 - 14.

[196] ZHANG W L，TIAN Z X，ZHANG N，et al. Nitrate pollution of groundwater in northern China [J]. Agric ecosyst environ, 1996 (59)：223 - 231.

[197] ZHANG L，ZENG G，ZHANG J，et al. Response of denitrifying genes coding for nitrite (nirK or nirS) and nitrous oxide (nosZ) reductases to different physico - chemical parameters during agricultural waste composting [J]. Applied microbiology & biotechnology, 2015, 99 (9)：4059 - 4070.

[198] ZHOU G，ZHANG W，MA L，et al. Effects of saline water irrigation and N application rate on NH_3 volatilization and N use efficiency in a drip - irrigated cotton field [J]. Water air & soil pollution，2016，227 (4)：103 - 109.

[199] ZHOU M，ZHU B，BUTTERBACH - BAHL K，et al. Nitrate leaching, direct and indirect nitrous oxide fluxes from sloping cropland in the purple soil area, southwestern China [J]. Environmental pollution，2012，162 (5)：361 - 368.

[200] ZHOU M，BUTTERBACH - BAHL K，VEREECKEN H，et al. A meta - analysis of soil salinization effects on nitrogen pools, cycles and fluxes in coastal ecosystems [J]. Global change biology，2017 (23)：1338 - 1352.

[201] ZHANG T，WANG T，LIU K，et al. Effects of different amendments for the reclamation of coastal saline soil on soil nutrient dynamics and electrical conductivity responses [J]. Agricultural water management，2015 (159)：115 - 122.

[202] ZHOU Z F，ZHENG Y M，SHEN J P，et al. Response of denitrification genes nirS，nirK，and nosZ to irrigation water quality in a Chinese agricultural soil [J]. Environmental science & pollution research，2011 (18)：1644 - 1652.

[203] ZHU Z，NOESE D，SUN B. Policy for reducing non - point pollution from crop production in China [M]. Beijing：China environmental science press，2006.

[204] ZENG W Z，XU C，HUANG J，et al. Emergence rate, yield, and nitrogen - use efficiency of sunflowers (\ r，helianthus annuus \ r) vary with soil salinity and amount of nitrogen applied [J]. Communications in soil science and plant analysis，2015，46 (8)：1006 - 1023.

[205] ZENG W Z，XU C，WU J W，et al. Effect of salinity on soil respiration and nitrogen dynamics [J]. Ecological chemistry and engineering，2013，20 (3)：519 - 530.

[206] 陈倩，刘照霞，邢玥，等. 有机无机肥分次配施对嘎啦苹果生长、15N -尿素吸收利用及损失的影响 [J]. 应用生态学报，2019，30 (4)：1367 - 1372.

[207] 陈哲，陈媛媛，高霂，等. 不同施肥措施对黄河上游灌区油葵田土壤 N_2O 排放的影响 [J]. 应用生态学报，2015，26 (1)：129 - 139.

[208] 赵营，同延安，赵护兵. 不同供氮水平对夏玉米养分累积、转运及产量的影响 [J]. 植物营养与肥料学报，2006，12 (5)：622 - 627.

[209] 代伟，赵剑强，丁家志，等. 高盐高碱环境下硝化反硝化过程及 N_2O 产生特征 [J]. 环境科学，2019，40 (8)：3730 - 3737.

[210] 段英华，徐明岗，王伯仁，等. 红壤长期不同施肥对玉米氮肥回收率的影响 [J]. 植物营养与肥料学报，2010，16 (5)：1108 - 1113.

［211］ 杜军，杨培岭，李云开，等. 基于水量平衡下灌区农田系统中氮素迁移及平衡的分析［J］. 生态学报，2011，31（16）：4549-4559.

［212］ 杜海岩，孙晓丽，柳新伟，等. 优化施肥对滨海盐渍土棉花生长及土壤养分供应特性的影响［J］. 华北农学报，2017，32（1）：220-225.

［213］ 董文旭，吴电明，胡春胜，等. 华北山前平原农田氨挥发速率与调控研究［J］. 中国生态农业学报，2011，19（5）：1115-1121.

［214］ 丁洪，蔡贵信，王跃思，等. 玉米-小麦轮作系统中氮肥反硝化损失与 N_2O 排放量［J］. 农业环境科学学报，2003，22（5）：557-560.

［215］ 冯兆忠，王效科，冯宗炜. 河套灌区地下水氮污染状况［J］. 生态与农村环境学报，2005，21（4）：74-76.

［216］ 巨晓棠，刘学军，邹国元，等. 冬小麦/夏玉米轮作体系中氮素的损失途径分析［J］. 中国农业科学，2002，35（12）：1493-1499.

［217］ 纪洋，余佳，马静，等. DCD 不同施用时间对小麦生长期 N_2O 排放的影响［J］. 生态学报，2011，31（23）：7151-7160.

［218］ 郎漫，李平，张小川. 土地利用方式和培养温度对土壤氮转化及温室气体排放的影响［J］. 应用生态学报，2012，23（10）：2670-2676.

［219］ 李建兵，黄冠华. 盐分对粉壤土氮转化的影响［J］. 环境科学研究，2008，21（5）：98-103.

［220］ 梁斌，赵伟，杨学云，等. 长期不同施肥对旱地小麦土壤氮素供应及吸收的影响［J］. 中国农业科学，2012，45（5）：885-892.

［221］ 李燕青. 不同类型有机肥与化肥配施的农学和环境效应研究［D］. 北京：中国农业科学院，2016.

［222］ 李鹏. 有机无机肥料配施对菠菜产量和品质及土壤养分含量的影响［D］. 北京：中国农业科学院，2009.

［223］ 吕丽华，董志强，张经廷，等. 水氮对冬小麦夏玉米产量及氮利用效应研究［J］. 中国农业科学，2014，47（19）：3839-3849.

［224］ 刘守龙，童成立，吴金水，等. 氮条件下有机无机肥配比对水稻产量的影响探讨［J］. 土壤学报，2007，44（1）：106-112.

［225］ 刘学军，巨晓棠，张福锁. 基施尿素对土壤剖面中无机氮动态的影响［J］. 中国农业大学学报，2001，6（5）：63-68.

［226］ 刘浩荣，宋海星，刘强，等. 喷施氯化钾对小白菜体内硝酸盐累积的影响［J］. 土壤，2008，40（2）：222-225.

［227］ 林治安，赵秉强，袁亮，等. 长期定位施肥对土壤养分与作物产量的影响［J］. 中国农业科学，2009，42（8）：2809-2819.

［228］ 鲁如坤. 土壤农业化学分析方法［M］. 北京：中国农业科技出版社，2000.

［229］ 马晓霞，王莲莲，黎青慧，等. 长期施肥对玉米生育期土壤微生物量碳氮及酶活性的影响［J］. 生态学报，2012，32（17）：5502-5511.

［230］ 李玲玲，李书田. 有机肥氮素矿化及影响因素研究进展［J］. 植物营养与肥料学报，2012，18（3）：749-757.

［231］ 刘静，孙涛，程云云，等. 氮沉降和土壤线虫对落叶松人工林土壤有机碳矿化的影响［J］. 生态学杂志，2017，36（8）：2085-2093.

［232］ 李强. 盐池县玉米膜下滴灌技术效益研究［J］. 黑龙江农业科学，2013（11）：24-26.

［233］ 陆景陵. 植物营养学［M］. 北京：中国农业大学出版社，2003.

［234］ 罗健航，赵营，任发春，等. 有机无机肥配施对宁夏引黄灌区露地菜田土壤氨挥发的影响［J］. 干旱地区农业研究，2015，33（4）：75-81.

［235］ 闵伟，侯振安，梁永超，等. 土壤盐度和施氮量对灰漠土尿素 N 转化的影响［J］. 土壤通报，

2012，43（6）：1372-1379.

[236] 潘晓健，刘平丽，李露，等. 氮肥和秸秆施用对稻麦轮作体系下土壤剖面 N_2O 时空分布的影响 [J]. 土壤学报，2015，52（2）：364-371.

[237] 史海滨，李瑞平，杨树青. 盐渍化土壤水热盐迁移与节水灌溉理论研究 [M]. 北京：中国水利水电出版社，2011.

[238] 尚会来，彭永臻，张静蓉，等. 盐度对污水硝化过程中 N_2O 产量的影响 [J]. 环境科学，2009，30（4）：1079-1083.

[239] 石玉龙，刘杏认，高佩玲，等. 生物炭和有机肥对华北农田盐碱土 N_2O 排放的影响 [J]. 环境科学，2017，38（12）：5333-5343.

[240] 苏秦，贾志宽，韩清芳，等. 宁南旱区有机培肥对土壤水分和作物生产力影响的研究 [J]. 植物营养与肥料学报，2009，15（6）：1466-1469.

[241] 田富强，温洁，胡宏昌，等. 滴灌条件下干旱区农田水盐运移及调控研究进展与展望 [J]. 水利学报，2018，49（1）：126-135.

[242] 陶朋闯，陈效民，靳泽文，等. 生物质炭与氮肥配施对旱地红壤微生物量碳、氮和碳氮比的影响 [J]. 水土保持学报，2016，30（1）：231-235.

[243] 于昕阳，翟丙年，金忠宇，等. 有机无机肥配施对旱地冬小麦产量、水肥利用效率及土壤肥力的影响 [J]. 水土保持学报，2015，29（5）：320-324.

[244] 于亚军，朱波，荆光军. 成都平原土壤-蔬菜系统 N_2O 排放特征 [J]. 中国环境科学，2008，28（4）：313-318.

[245] 汪德水，邢瑞智. 半干旱地区麦田水肥效应研究 [J]. 土壤肥料，1994（2）：1-4.

[246] 田飞飞，纪鸿飞，王乐云，等. 施肥类型和水热变化对农田土壤氮素矿化及可溶性有机氮动态变化的影响 [J]. 环境科学，2018，39（10）：4717-4726.

[247] 王朝辉，刘学军，巨晓棠，等. 田间土壤氨挥发的原位测定——通气法 [J]. 植物营养与肥料学报，2002，8（2）：205-209.

[248] 王军，申田田，车钊，等. 有机和无机肥配比对黄褐土硝化和反硝化微生物丰度及功能的影响 [J]. 植物营养与肥料学报，2018，24（3）：641-650.

[249] 王晓娟，贾志宽，梁连友，等. 旱地施有机肥对土壤水分和玉米经济效益影响 [J]. 农业工程学报，2012，28（6）：144-149.

[250] 王贵寅，张兰松，宋加杰，等. 有机肥对提高旱地作物利用土壤水分的作用机理研究 [J]. 河北农业科学，2002，6（2）：25-28.

[251] 王立刚，李维炯，邱建军，等. 生物有机肥对作物生长、土壤肥力及产量的效应研究 [J]. 土壤肥料，2004（5）：12-16.

[252] 姚志生，郑循华，周再兴，等. 太湖地区冬小麦田与蔬菜地 N_2O 排放对比观测研究 [J]. 气候与环境研究，2006，11（6）：691-701.

[253] 武其甫，武雪萍，李银坤，等. 保护地土壤 N_2O 排放通量特征研究 [J]. 植物营养与肥料学报，2011，17（4）：942-948.

[254] 谢军红，柴强，李玲玲，等. 有机氮替代无机氮对旱作全膜双垄沟播玉米产量和水氮利用效率的影响 [J]. 应用生态学报，2019，30（4）：1199-1206.

[255] 肖娇，樊建凌，叶桂萍，等. 不同施肥处理下小麦季潮土氨挥发损失及其影响因素研究 [J]. 农业环境科学学报，2016，35（10）：2011-2018.

[256] 杨清龙，刘鹏，董树亭，等. 有机无机肥配施对夏玉米氮素气态损失及籽粒产量的影响 [J]. 中国农业科学，2018，51（13）：2476-2488.

[257] 银敏华，李援农，李昊，等. 氮肥运筹对夏玉米根系生长与氮素利用的影响 [J]. 农业机械学报，2016，47（6）：129-138.

[258] 俞映倞, 薛利红, 杨林章. 太湖地区稻田不同氮肥管理模式下氨挥发特征研究 [J]. 农业环境科学学报, 2013, 32 (8): 1682 - 1689.

[259] 徐昭, 史海滨, 李仙岳, 等. 不同程度盐渍化农田下玉米产量对水氮调控的响应 [J]. 农业机械学报, 2019, 50 (5): 334 - 343.

[260] 徐明岗, 李冬初, 李菊梅, 等. 化肥有机肥配施对水稻养分吸收和产量的影响 [J]. 中国农业科学, 2008, 41 (10): 3133 - 3139.

[261] 徐阳春, 沈其荣, 冉炜. 长期免耕与施用有机肥对土壤微生物生物量碳、氮、磷的影响 [J]. 土壤学报, 2002, 39 (1): 89 - 96.

[262] 张名豪, 卢吉文, 赵秀兰. 有机物料对两种紫色土氮素矿化的影响 [J]. 环境科学, 2016, 37 (6): 2291 - 2297.

[263] 张建兵, 杨劲松, 姚荣江, 等. 有机肥与覆盖方式对滩涂围垦农田水盐与作物产量的影响 [J]. 农业工程学报, 2013, 29 (15): 116 - 125.

[264] 张福锁, 王激清, 张卫峰, 等. 中国主要粮食作物肥料利用率现状与提高途径 [J]. 土壤学报, 2008, 45 (5): 915 - 924.

[265] 张旭, 席北斗, 赵越, 等. 有机废弃物堆肥培肥土壤的氮矿化特性研究 [J]. 环境科学, 2013, 34 (6): 2448 - 2455.

[266] 赵春晓, 郑海春, 郜翻身, 等. 不同处理对河套灌区玉米土壤硝态氮和铵态氮动态及氮肥利用率的影响 [J]. 中国土壤与肥料, 2017 (6): 99 - 104.

[267] 朱兆良, 金继运. 保障我国粮食安全的肥料问题 [J]. 植物营养与肥料学报, 2013, 19 (2): 259 - 273.

[268] 朱海, 杨劲松, 姚荣江, 等. 有机无机肥配施对滨海盐渍农田土壤盐分及作物氮素利用的影响 [J]. 中国生态农业学报, 2019, 27 (3): 441 - 450.

[269] 左青松, 蒯婕, 刘浩, 等. 土壤盐分对油菜氮素积累、运转及利用效率的影响 [J]. 植物营养与肥料学报, 2017, 23 (3): 827 - 833.

[270] 周广威, 张文, 闵伟, 等. 灌溉水盐度对滴灌棉田土壤氨挥发的影响 [J]. 植物营养与肥料学报, 2015, 21 (2): 413 - 420.

[271] 周慧, 史海滨, 郭珈玮, 等. 盐分与有机无机肥配施对土壤氮素矿化的影响 [J]. 农业机械学报, 2020, 51 (5): 295 - 304.

[272] 周慧, 史海滨, 徐昭, 等. 有机无机肥配施对盐渍土供氮特性与作物水氮利用的影响 [J]. 农业机械学报, 2020, 51 (4): 299 - 307.

[273] 周慧, 史海滨, 徐昭, 等. 化肥有机肥配施对盐渍化土壤氨挥发及玉米产量的影响 [J]. 农业环境科学学报, 2019, 38 (7): 1649 - 1656.

[274] 周连仁, 杨德超. 盐渍化农田有机无机肥配施比例的筛选 [J]. 东北农业大学学报, 2013, 44 (11): 25 - 28.

[275] 张亚丽, 张娟, 沈其荣, 等. 秸秆生物有机肥的施用对土壤供氮能力的影响 [J]. 应用生态学报, 2002, 13 (12): 1575 - 1578.

[276] 张富仓, 严富来, 范兴科, 等. 滴灌施肥水平对宁夏春玉米产量和水肥利用效率的影响 [J]. 农业工程学报, 2018, 34 (22): 111 - 120.

[277] 张玉铭, 张佳宝, 胡春胜, 等. 水肥耦合对华北高产农区小麦-玉米产量和土壤硝态氮淋失风险的影响 [J]. 中国生态农业学报, 2011, 19 (3): 532 - 539.

[278] 郑凤霞, 董树亭, 刘鹏, 等. 长期有机无机肥配施对冬小麦籽粒产量及氨挥发损失的影响 [J]. 植物营养与肥料学报, 2017, 23 (3): 567 - 577.

[279] 曾清苹, 何丙辉, 毛巧芝, 等. 重庆缙云山两种林分土壤呼吸对模拟氮沉降的季节响应差异性 [J]. 生态学报, 2016, 36 (11): 3244 - 3252.